暮らしの図鑑

# サイクルライフ

スポーツ自転車
12人の楽しみ方
×
基礎知識
×
いま乗りたい
定番&人気自転車71

私らしい、
モノ・コトの
見つけ方。

SE
SHOEISHA

# はじめに

私たちの暮らしを形作る、さまざまなモノやコト。
自分で選んだものは、日々をより豊かにしてくれます。
「暮らしの図鑑」シリーズは、本当にいいものを取り入れ、自分らしい暮らしを送りたい人に向けた本です。
使い方のアイデアや、選ぶことが楽しくなる基礎知識をグラフィカルにまとめました。
お仕着せではない、私らしいモノ・コトの見つけ方のヒントが詰まった一冊です。

この本のテーマは「スポーツ自転車」。心地よい風を受けながら自転車で走るサイクリングは、心身ともにリフレッシュできる、贅沢な時間です。
長距離を走れるロードバイクから、街中の移動にも便利なクロスバイクやミニベロ、電動アシストでらくらくと進むEバイクまで、目的や体力によって、車種の選択肢も広がっています。1人で、仲間や家族と一緒に……など、乗り方も楽しみ方も人それぞれ。
この本では、そんな「スポーツ自転車のある暮らし（サイクルライフ）」をとことん楽しむ12人をご紹介。71台の定番&人気の自転車も掲載していますので、ぜひ、自分に合う1台を見つけてみてください。

PART 1

## スポーツ自転車 12人の楽しみ方

PART 2

## 知って楽しむための基礎知識

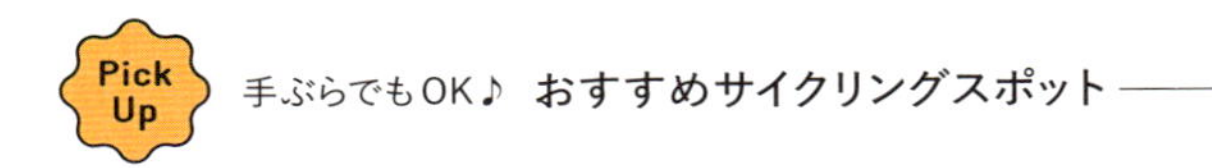

## PART 3
## いま乗りたい 定番&人気自転車71

OPEN
BROMPTON

BLUE
YOKOHAMA

ありまつ

PART 1

# スポーツ自転車 12人の楽しみ方

▼

年齢や性別、季節を問わず気軽に楽しめるサイクリング。健康やダイエットのために自転車に乗り始める人や、趣味として楽しむ人も増えています。自転車で散歩するようにゆったりと走る「ポタリング」や、長距離を走る「ロングライド」、旅先で楽しむ「輪行」など、サイクリングの楽しみ方は人それぞれ。
PART1では、12人のさまざまなサイクルライフを紹介します。

### プロフィールの見方

❶メーカー名　❷自転車名

**のりりん**さん

**愛車▶**
❶BROMPTON ❷「M6R」
「S2L-X」
Pacific cycles「CarryMe」
**職業▶**会社員
**活動エリア▶**東京都、全国
**お気に入りのサイクリングロード▶**多摩川サイクリングロード

01

## のんびり街乗り × ミニベロ

のりりんさん

訪れた街を、暮らすように。
ミニベロでポタリング

のりりんさん

**愛車▶**
BROMPTON「M6R」
「S2L-X」
「M3L」
STRiDA「5.0JP」
Tartaruga「Type-S」
Pacific Cycles「CarryMe」

**職業▶**会社員
**活動エリア▶**東京都、全国
**お気に入りのサイクリングロード▶**多摩川サイクリングロード

## かわいくて持ち運びやすいから普段着の気軽さでお出かけ

6台も所有するほどのミニベロ（小径自転車）愛好家、のりりんさん。デザインのかわいさと便利さで次第に増えていったそうです。ミニベロを最初に購入したきっかけは引っ越しだったと言います。「新しい街を散策しようと、小回りが利いて街乗りに適したミニベロを選びました。STRiDA（ストライダ）にしたのは、せっかくならかわいい自転車に乗りたかったからです」。

**STRiDA「5.0JP」** 16インチのタイヤを18インチに変更。気に入る色を探しているとき、新色として登場したそう。

個性的な形や、ブラックとピンクのフレームカラーに惹かれて購入しました。「STRiDAの乗り心地は、他の自転車と全く違います。ふわりとしたやさしい感じで、一生懸命に漕がなくていいんです」。

ミニベロのとりこになったのりりんさんが次に選んだのは、ターキッシュグリーンがかわいいBROMPTON（ブロンプトン）です。「バッグやサドル、グリップなどのパーツは純正もそれ以外も多く、カスタマイズして楽しめるのがいいですね」。

その日の気分や用途に合わせて、洋服や靴を選ぶように、6台のミニベロを使い分けているのりりんさん。BROMPTONは色とスペック違いで3台持っています。チタン製の軽量タイプは街乗り用に。自転車を専用の袋に入れ、公共交

C

B

A

E

D

A **BROMPTON「M6R」** 最初に購入したBROMPTON。活用頻度の高い１台。

B **BROMPTON「S2L-X」** 12kgほどある「M6R」に対し、こちらはチタン製で8kgほどと軽量。

C **BROMPTON「M3L」** 長距離に向く上向きのミニＰハンドルに変更。他２台のBROMPTONはフラットなＳハンドル。

D **Pacific Cycles「CarryMe」** ピンクとイエローのかわいいツートンカラーは、購入時のキャンペーンでカラーリング。

E **Tartaruga「Type-S」** 他の５台に比べてタイヤは大きめで、長距離を走るときにも活躍。

通機関に載せて移動する輪行用には、少々重くても頑丈なものを使います。

輪行にはツートンカラーがかわいいCarryMe（キャリーミー）も活躍しています。縦長に折りたためるのでコンパクトで邪魔にならず、キャスター付きなので折りたたんでコロコロと転がして持ち運べます。また、タイヤが大きく安定して走りやすいTartaruga（タルタルーガ）は、主に長距離を走るときに使用しています。

**上**／テレビの下などに保管。折りたためるので省スペース。

# 服装もバッグも
# 自分らしいファッションで

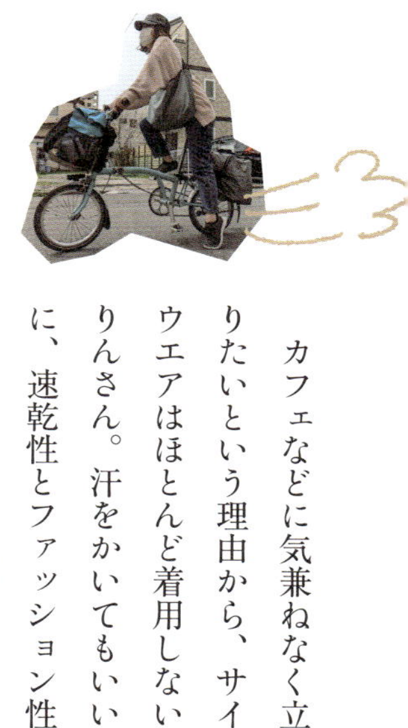

カフェなどに気兼ねなく立ち寄りたいという理由から、サイクルウエアはほとんど着用しないのりりんさん。汗をかいてもいいように、速乾性とファッション性に優れたアウトドア系のウエアを愛用しています。また、フロントバッグもBROMPTON用のものを多数所有しています。

「かわいい自転車に合わせてコーディネートしたいので、布を選んでバッグをオーダーメイドすることもあります。BROMPTON用の小物は、純正以外にも数多く販売されているので、ファッション性も広がります」。

自分らしいスタイルでサイクルライフを楽しんでいます。

**上**／台湾旅行の際、台湾らしい柄を選びオーダーして作った、BROMPTON用のフロントバッグ。

**上**／BROMPTON純正のフロントバッグのふただけを、別の生地でカスタマイズ。

**左**／リフレクター（反射鏡）も好きで、集めているそう。手軽にオリジナリティが出せる。

＊ヘルメットを着用していない写真は、2022年以前に撮影されたものです。

**右**／STRiDAで近所のカフェへポタリング。多摩川沿いなど、都内を散歩感覚でのんびりと。

お気に入りの自転車と服でお出かけ

**上・右下**／鹿児島のカフェとBROMPTON「M3L」。カフェでモーニングのフレンチトーストなど、おいしいものを食べるのも旅の醍醐味。

## 旅先の街で暮らすようにポタリングを楽しむ

「初めてミニベロを遠方に持っていったとき、折りたたんで輪行バッグに入れ、飛行機に載せるのが想像以上に簡単でした。以来、遠方へもミニベロを持参して、訪れた街を暮らすように散策しています」。

コロナ禍を機に2週間くらい滞在する、ワーケーションもするようになりました。

「平日は仕事をした後、自転車に乗って夜ご飯を食べに出かけ、休日はその街や周辺をポタリングし

**上**／鹿児島ワーケーションで天気が優れないなか、最終日に見えた晴天の桜島。サイクルライフで、生活リズムにメリハリがつくようになったという。

ています。同僚とワーケーションで滞在した鹿児島では、カフェでモーニングを食べたり桜島を走ったりしました。また、栗がおいしい時季に合わせて長野の小布施に行くというように、季節感を味わうために行き先を選ぶことが多いですね」。

休日にキャンプ場で行うハンモック泊がお気に入り。旅先では、コンパクトに収納できるハンモックとご飯などをバッグに詰め込み、

**上**／ CarryMe は輪行バッグに入れたままキャスターを引いて移動。
**下**／飛行機では、輪行バッグにIKEAの半透明のバッグ・DIMPA（ディムパ）を愛用。中が見えるので丁寧に扱ってもらいやすい。

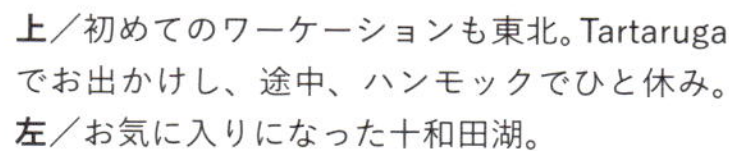

**上**／初めてのワーケーションも東北。Tartarugaでお出かけし、途中、ハンモックでひと休み。
**左**／お気に入りになった十和田湖。

キャンプ場へと走ります。「木と木の間にハンモックを吊るしてゆらゆらとまどろむ時間は、至福のときです」。

水辺が好きで、青森でワーケーションをしたときに遊びに行った十和田湖畔のキャンプ場は、特に印象に残っているそうです。「焚き火をして魚を焼いたり、お酒やコーヒーを飲んだり。翌日は奥入瀬渓流沿いをサイクリングして、充実した時を過ごしました」。

遠方に持ち運びがしやすいミニベロの利点を活かして、全国各地での暮らしを楽しんでいます。

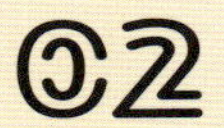

# 夫婦の島巡り × ロードバイク

室岡さん夫妻

## 自転車に乗れば、ポジティブに。夫婦が楽しく過ごすツール

室岡さん夫妻

**愛車▶**
LOOK「675 Light」（真人さん）
「795 BLADE RS」（久美子さん）
**職業▶**イタリア料理店「Trattoria M」オーナーシェフ（真人さん）、ホール（久美子さん）
**活動エリア▶**広島県竹原市、瀬戸内海
**お気に入りのサイクリングロード▶**しまなみ海道、とびしま海道

## 知っていたはずの土地も自転車なら再発見がある

イタリアンレストランを営む室岡真人さんと久美子さん夫妻が暮らすのは、広島県竹原市。市の南部が瀬戸内海に面し、しまなみ海道が通る大三島（おおみしま）まで船で約30分という、サイクリストが羨むようなエリアです。休日には瀬戸内海に浮かぶ島々を訪ねたり、「安芸の小京都」と呼ばれる竹原市の歴史ある町並みを走ったりと、夫婦揃ってのライドを満喫しています。

そんな室岡さん夫妻のサイクルライフは、真人さんが自宅からレストランまで約6㎞の海沿いの道をロードバイクで通い始めたことがきっかけでした。久美子さんが乗るようになったのは、その4年後のことです。

「自転車で移動していると、車では通り過ぎていたきれいな景色や潮の香りに気づきます。自転車だからこそ地元の良さを再発見できていると、あらためて実感しています」。

レストランでは、地元産の食材を積極的に使用している室岡さん。

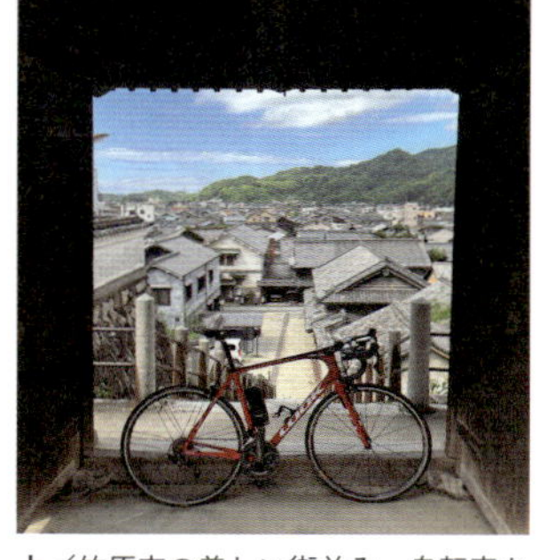

上／竹原市の美しい街並み。自転車から見ると見慣れた街も違って見える。

生産者の元へと自転車を走らせては交流を深め、食材の作り手のこだわりをレストランのお客さまに伝えているのだそうです。

住居に職場、趣味までも2人で共有していることについて伺うと「自転車は2人にとってポジティブな面しかないです」と、笑顔で口を揃えます。

「仕事でピリピリしていても、自転車で一緒に出かければ、ここは絶景だね、次はここのおいしいものを食べに行こうと、楽しいことばかりです」と久美子さん。サイクリング中は、後ろを走る久美子さんを真人さんが気遣いながら走行してくれるそうです。

右／大芝島の柑橘農家へ。下／ドリンクホルダーには、採れたてのブドウ。

# フェリーに自転車を載せて瀬戸内の島々を思うままに巡る

月に一度、夫婦水入らずの日として、子どもたちが学校へ行っている間にライドへ出かける2人。定番は瀬戸内の島々を結ぶ、とびしま海道としまなみ海道で、50km〜100kmを走ります。

「地元では、航路も便数も多いフェリーが主な移動手段です。自転車を解体して輪行バッグに入れなくても、そのままの状態で乗船することができて、とても便利です。乗船料も数百円と手軽なので、フェリーで目的の島まで移動し、

**上**／大崎下島（おおさきしもじま）では重要伝統的建造物群保存地区に指定された御手洗の町並みへ。
**右**／とびしま海道の上蒲刈島（かみかまがりじま）では西泊観音へ立ち寄り。

そこから島々を結ぶ橋を活用すれば、さまざまなサイクリングコースを、思う存分楽しめますよ」。

とびしま海道としまなみ海道の魅力は、対照的だと言います。

「サイクリストに人気のしまなみ海道と違って、地元の人以外にはあまり知られていないとびしま海道は、良い意味で何もありません。島らしい漁村の風景が広がっていて、のんびり走るのにぴったりです。店や自動販売機が少ないので、行動食や水分をしっかり持って出かけていいます」。

一方、サイクリスト向けの整備が行き届くしまなみ海道は、初心者におすすめとのこと。

左／日本のレモン生産量No.1の瀬戸田エリア。生口島（いくちじま）の海には、潮が引いたときだけ行くことができるレモン色のモニュメント「ベルベデールせとだ」が浮かぶ。

## 景色もグルメも充実の〝しまなみ海道〟

「景色はきれいですし、おいしい店やサイクリスト向けの宿もたくさんあります。途中で力尽きても、自転車を積載できるサイクルタクシーを呼ぶことができますよ」。

そんな島々を、推奨ルートを外れて巡るのが地元ならではだと語る室岡さん夫妻。大三島の外周を走り大山祇（おおやまづみ）神社を参拝したり、伯方島（はかたじま）でサイクルジャージのままイルカと一緒に泳いだりと、2人ならではの楽しみ方で、サイクリングを満喫しています。

下／飲食店やホテルが充実するしまなみ海道で、お気に入りのバーガー。

03

こだわりのカスタム
×
ロードバイク・
マウンテンバイク・
ミニベロ

TERUEさん

# カスタマイズや
# オリジナルグッズで
# アートなサイクルライフに

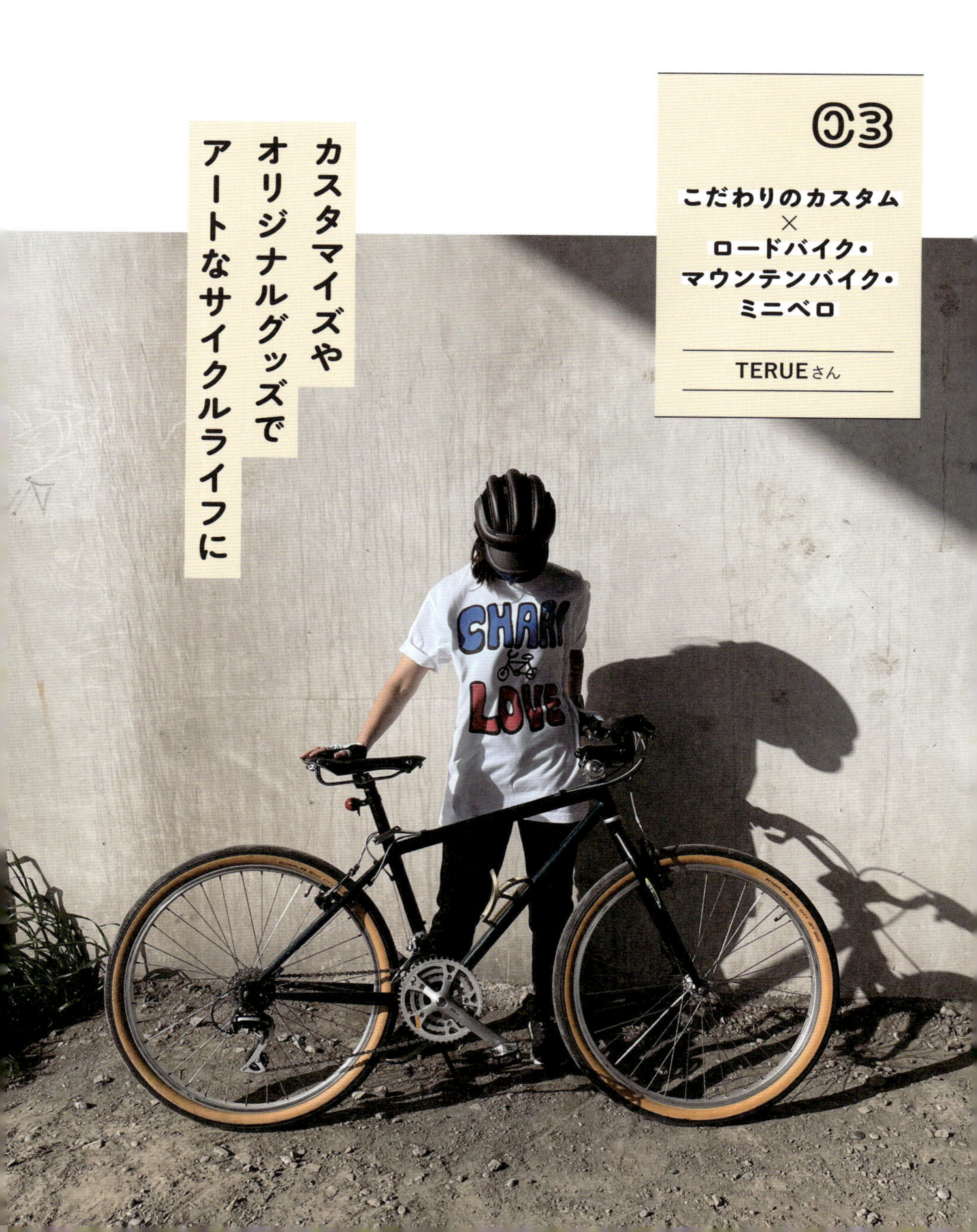

# 中古のロードバイクを自分の体に合わせてカスタマイズしたら楽しく乗れるように

**TERUE**さん

**愛車**▶
BRIDGESTONEの
ビンテージカスタムロードバイク
ビンテージカスタムマウンテンバイク
Bianchi「Lepre」
**職業**▶イラストレーター
**活動エリア**▶関東
**お気に入りのサイクリングロード**▶多摩川サイクリングロード

イラストレーターのTERUEさんは、ロードバイクに乗っている夫の影響で、自身もロードバイクに乗り始めました。「初めて乗ったとき、まず前傾姿勢で走るのが怖かったです。ブレーキがどこにあるかがわからない上、ペダルと足がビンディングという器具で固定されているので、足で停止することもできない。でも夫は気づかずに先を走って行ってしまい、とても怖い思いをしました」と話します。そのときの恐怖感から、1年ほどロードバイクに乗ることはなかったそうです。しかし上手く乗れなかったという悔しさから、再挑戦。何が怖いかを夫にきちんと伝え、1つずつ原因を取り除いていったことで乗れるようになったそうです。

「最初の半年くらいは、毎日乗って、芝生の上で転ぶ練習もしましたね。乗っていた中古の自転車が、自分の体のサイズに合っていないことも、上手く乗れない原因だとわかりました。自転車店にも相談しながらカスタマイズしていき、徐々に乗れるようになっていきました」。

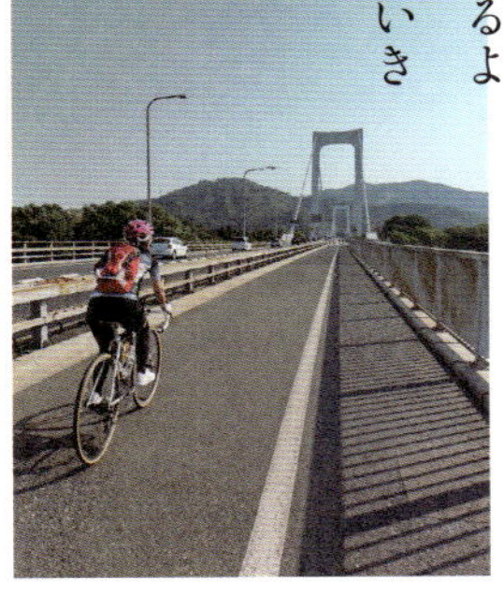

**クランク**／低身長に合わせて長さを短くし、漕ぎやすく。
**サドル**／乗り心地の良さと防水性もあるBROOKS（ブルックス）の「cambium C17 all weather」。クラシックなデザインもお気に入り。
**ハンドルバー**／肩幅に合わせて、幅の狭いタイプに変更。
**ホイール**／平坦でも坂でも使いやすい万能タイプ、CAMPAGNOLO（カンパニョーロ）の「ZONDA」に変更。
**タイヤ**／サイドがベージュ系のクラシカルな雰囲気がお気に入り。
**フレーム**／自作のステッカーを貼ってかわいくオシャレに。
自分サイズに
ロードバイクをカスタマイズ


## 好みのデザインになるよう手をかけた、愛着のある一点モノ

スポーツ自転車専門店では試乗やチューニングができるなど、初めての人が新車を購入する際、多くのメリットがあります。しかし、中古の自転車でもカスタマイズ次第で、乗り心地の良い自分仕様にすることができると、TERUEさんは言います。

「私は身長が154cmと小柄なので、ハンドルが近くなるようにパーツを替えたり、漕ぐときにペダルから足が浮かないようにクランク＊を短くしたりと、自分の体のサイズに合わせてパーツを替えていき

＊ペダルが付いている棒

### 夫が修理したマウンテンバイク

親戚から譲り受けたマウンテンバイクは、夫が塗装も含めて全体を修理。クラシックな形とダークグリーンのカラーが好みに合い、出番も最も多いとか。

### 唯一購入したBianchi（ビアンキ）のミニベロ

コンパクトサイズで街乗り用に購入。交通事故防止のための反射板や、ベルといった細かな部分を好みのものに替えた以外は、購入したときのまま使用。

ました。自転車はフレーム以外の部品は全て替えられるので、とても汎用性が高い乗り物ですよね」。

中古のロードバイクは、初めは姿勢が前に傾きすぎず、走りやすいフラットハンドルにしていましたが、長い距離が走れるようになると、ロングライドでも手首が痛くなりにくいドロップハンドルに変更したそうです。

2台目に所有したマウンテンバイクは、親戚から譲り受けた自転車を夫が修理してくれたもの。好みのクラシックな雰囲気と、太めのタイヤが気に入っていると言います。手をかけた分、〝個性のある一点モノ〟として、愛着も増しているようです。

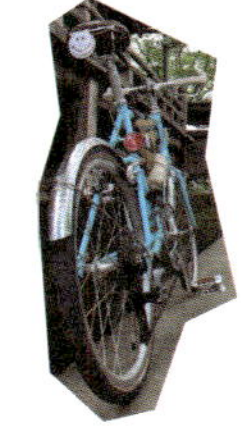

仲間と一緒に作った
CHARI LOVEオリジナルジャージ

## 気分が上がる オリジナルのアイテム

自分だけのオリジナルグッズを身に着けたり、仲間とお揃いのウエアを着たりすると、お出かけ気分も高まります。ＴＥＲＵＥさんはイラストレーターとしての技術を生かし、さまざまなオリジナルグッズを制作しています。

「きっかけは、Ｔシャツに絵を描いてほしいという友人からのリクエストです。それから自分の自転車を描いたＴシャツを着るようになり、仲間とのオリジナルジャージも作ることになりました」。

ＴＥＲＵＥさんは、「CHARI LOVE」と名を冠したグッズも制作。得意分野を趣味のスポーツ自転車にも取り入れて、楽しみを広げています。また、バッグはミシンで生地から手作りし、カラーペンで文字やイラストを描いてデザイン。世界に1つだけのバッグを連れてポタリングしています。

イラストレーターとしても、次第にスポーツ自転車をテーマにした作品が増え、自転車仲間と展示会を開催したこともありました。サイクリストの聖地・しまなみ海道の道の駅限定で販売されている缶バッジも、ＴＥＲＵＥさんがデザインしたものです。「しまなみ海道がとてもきれいな場所で、何かここに残したい！」と、企画を持ち込んだのだそう。自転車と同様に、好きなことに真っすぐに進んでいます。

発案・デザインした
しまなみ海道の道の駅限定缶バッジ。

**右・下**／好きなモチーフを描いたり、自身の作品をプリントしたりした自作のバッグやサコッシュ。

**下**／多摩川サイクリングロード近くの店「OG CAFE」にあるサイクルラックは、造形作家であるTERUEさんの夫が作ったもの。サイクリストが立ち寄りやすいようにと、お店に相談して設置の運びになった。

## ペットのように愛でる
## 愛車の写真撮影が楽しい

のんびり走るのが好きなTERUEさん。近所をポタリングするときはマウンテンバイクで、長距離を走るときにはロードバイクで、遠出するときは車にミニベロを積んで出かけるなど使い分けています。使用頻度の高いマウンテンバイクは他の自転車に比べて盗難のリスクが低く、立ち寄りもしやすいのだそうです。

「近場でよく行くのは、多摩川サイクリングロードですね。日帰りで少し足を延ばすなら、ミニベロで横浜へ。山下公園の周りをぐるぐると、のんびり走っています」。

そんなポタリングでの楽しみは、愛車を撮影することです。

「乗り始めた頃、頑張る自分へのご褒美が欲しくて、写真を撮り始めました。ペットや子どもをかわいく写真に収めたいという気持ちに似ていますね。SNSで発信すると反響があり、こんな楽しみ方もいいんだなと思いました」。

坂や峠を越えるヒルクライム、長距離を走るロングライドなど、これまでいろいろな走り方を経験し、「いまは、乗っていること自体で気分が上がります。長く続けられるスポーツだから、80歳まで乗れたら幸せですね」と笑います。多様な乗り方ができるスポーツ自転車だからこそ、乗る人の変化に合わせて、サイクリングのスタイルも変化していきます。

The WAREHOUSE
BUSINESS LOUNGE & CAFE

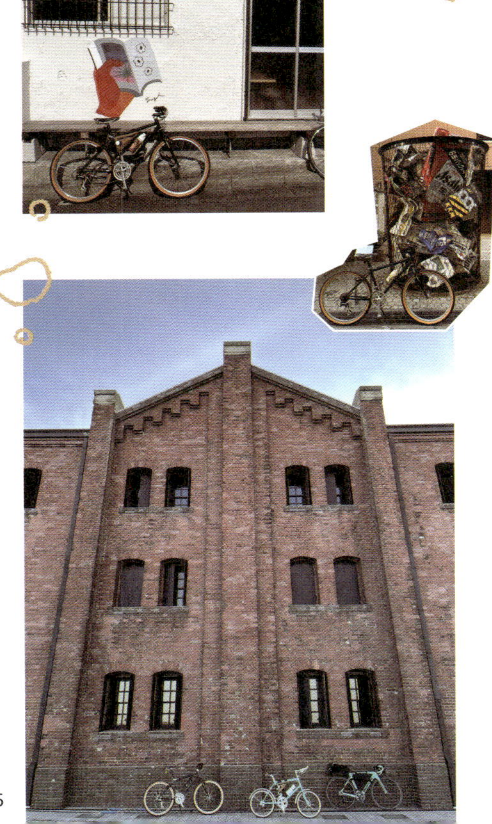

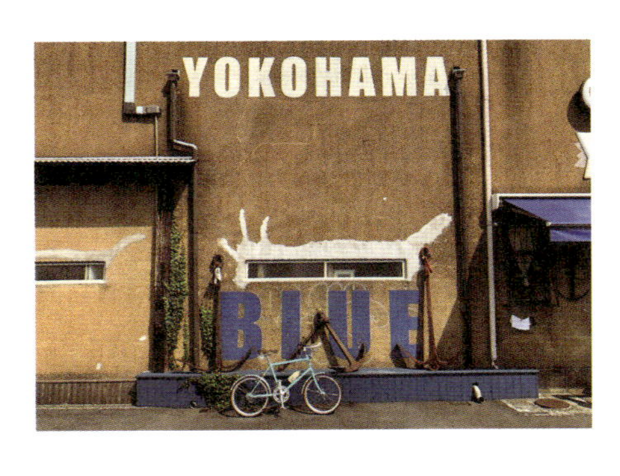
YOKOHAMA
BLUE

# つらさも<br>走る喜びと楽しさに変わる<br>仲間との充実ライド

04

わいわい仲間旅
×
ロードバイク

Bekiさん

**Beki**さん

**愛車▶**
TREK「Madone 9」
「Madone4.5」
正屋オリジナル「respirare」
GIANT「ESCAPE」
BRUNO「SKIPPER」

**職業▶**学校図書館職員。café du cyclisteアンバサダー、バーチャルサイクリングチーム「ANGEL PROJECT」所属、自転車コミュニティ「saddle up」主催
**活動エリア▶**九州
**お気に入りのサイクリングロード▶**阿蘇の箱石峠コース、対馬の烏帽子岳展望所への道

## サイクルショップで生まれた仲間の輪。サポートし合いながら走れる

10年以上ロードバイクに乗っているBekiさんは、SNSなどで仲間たちとのライドについて発信しています。サイクリストは女性が少ないといわれる中、Bekiさんの周りには女性サイクリストもたくさんいます。いったいどこで出会ったのでしょう。

「初めてロードバイクを購入したサイクルショップのつながりです。ショップ主催のライドで出会って、だんだんと感性の合う人が集まり、一緒に走るようになりました。専門店で購入すると、故障時などにサポートしてもらえる上に仲間もできるなど、メリットがたくさんありますよ」。

グループライドでは、速い人が前を、初心者は中央、後ろから経験者が初心者の様子を確認しながら走ります。初心者はグループライドへの参加を躊躇しがちですが、みんながフォローしてくれるので安心だとBekiさんは言います。

「大人になってからできた友達は、みんな自転車つながりです」と言い、スポーツ自転車は人と人とをつなぐツールになっています。

Bekiさんのウエアのチョイスは、気軽にカフェに立ち寄れるようなおしゃれなデザイン。目的地のイメージでセレクトするから撮影も楽しい。「café du cycliste」の他、イギリス発「velobici（ヴェロビチ）」、アイウエアは「ALBA OPTICS（アルバ オプティクス）」、ヘルメットは「kask Sport（カスク スポーツ）」などを愛用。

## 景色、グルメ、ファッション欲張って楽しめる

阿蘇や対馬など地元・九州を中心に景勝地を目指して走ったり、「北九州グルメポタ*」と称して、1日5軒もの飲食店をハシゴしたりと、仲間とさまざまな乗り方をしているBekiさん。その気分をさらに盛り上げるのがファッションです。サイクルジャージが大好きで、なんと100着ほど持っているとか。

「スポーティ過ぎず、普段着のようなかわいいデザインで、機能性もしっかりしているものを選んでいます」。

＊「ポタ」は、散歩するように走る「ポタリング」の略

アンバサダーを務めるフランス発のブランド「café du cycliste（カフェ ドゥ シクリステ）」は、アースカラーやストライプなど、Bekiさん好みのデザインです。そして、ライド当日に何を着るのかもこだわりがあります。「例えばひまわり畑ならピンクが映えるかなとか、撮影のことも考えて、目的地に映えるカラーやデザインをイメージして選びます」。

撮影は、カメラが趣味の友人が担当してくれるそうです。Bekiさんの写真は花や海をバックにかわいいウエアが映えて、機能性だけではないウエアの楽しみ方に気づかせてくれます。

(左ページ)**右上**／北九州市の高塔山をナイトライド。**右中央・左**／リアス式海岸が美しい故郷・対馬のサイクルイベントに参加。**下**／年に1回は走りに行く阿蘇での日の出。

## 朝日から夕日まで、1日を自転車の上で過ごすロングライド

普段はロングライドを楽しんでいるBekiさんが、特に好きなのが「ブルベ*」です。ブルベとは、あらかじめ決められた長距離コースを、制限時間内で完走することを目指す、サイクリングイベントのこと。

「コースはその地域をよく知っている人がつくるので、走りやすい道が設定されていて、絶景ポイントやグルメスポットなどがルート上にあります。地元以外で参加すれば、知らない土地を満喫できるのが魅力です。ロードバイクの経験を数年経て、長距離に挑戦したい人に、おすすめです」。

Bekiさんは、地元の九州だけでなく、三浦半島、出雲、伊勢など日本各地のブルベにも参加しています。1日中自転車に乗っていることが好きで、ときには泊まりがけでロングライドに出かけることもあるそう。最後にロングライドの魅力を教えてくれました。

「朝日を見て、夕日を見て、夜になって……と、1日中自転車と一緒に過ごしていると、時間と共に移ろう景色の中で非日常を感じることができますよ」。

＊ブルベは、200kmから1,000km以上などイベントにより距離が異なり、ノーサポート・自己責任で走行します。

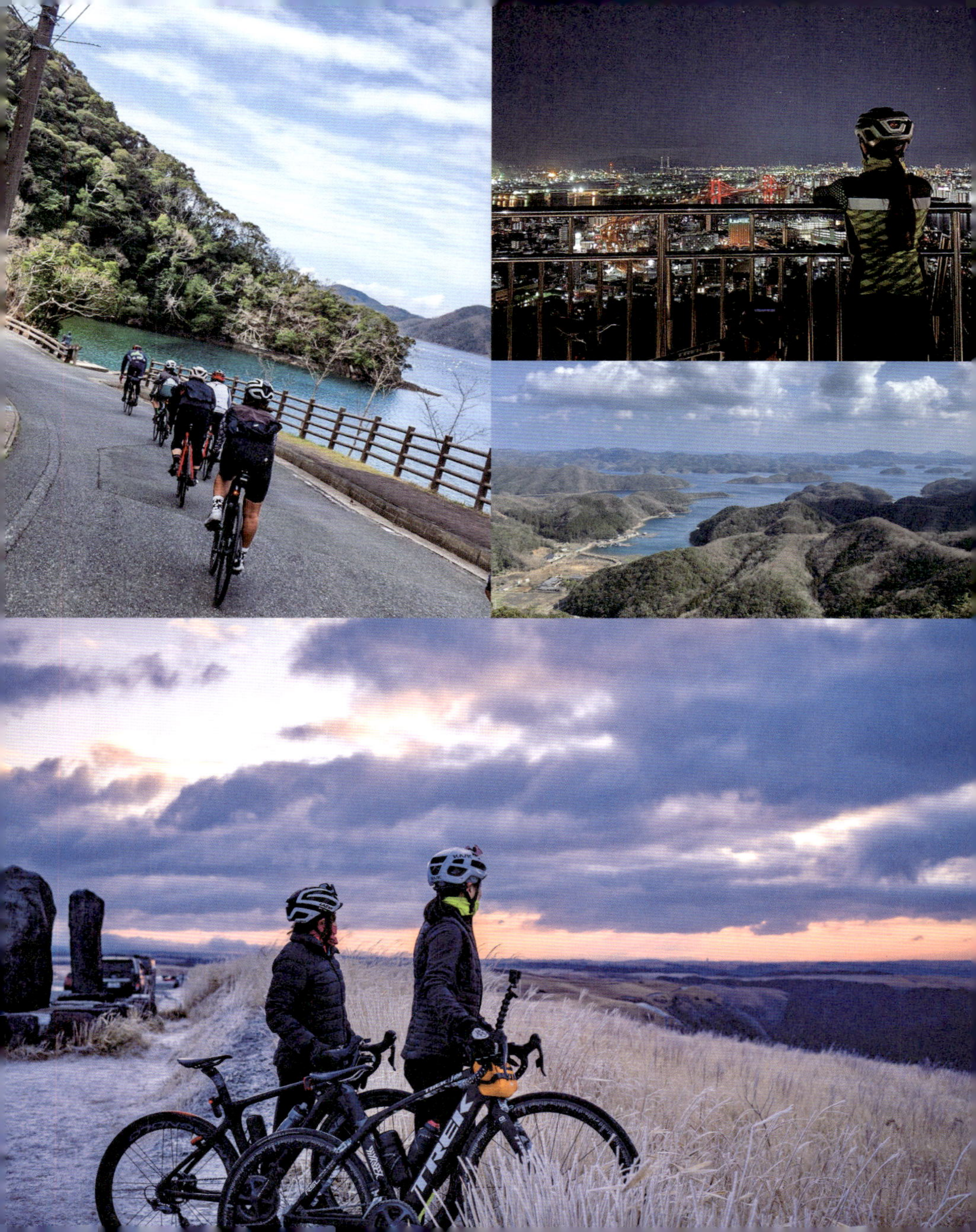
TREK

# 失敗を積み重ねてスキルアップした自分に出会う

## 05

**果敢に峠攻め**
**×**
**ロードバイク**

サイクルガジェットTV
アヤさん

アヤさん

**愛車▶**
GUSTO「RCR Team DURO TL」
AVEDIO「CHARIS R」
DAHON「EEZZ D3」
**職業▶**動画クリエイター、YouTube「サイクルガジェットTV」、GUSTO公認アンバサダー、Elitewheels Ambassador
**活動エリア▶**関東
**お気に入りのサイクリングロード▶**
金精峠、志賀高原

GUSTO「RCR Team DURO TL」は、片面はブラック、もう片面はゴールドがベースという左右非対称のカラーリングが個性的。自分の体に合わせて純正からハンドルを変更。

AVEDIO「CHARIS R」は、カーボン製で軽量。ハンドル、フレームなどの色を自分でチョイスできる。サイズ展開が豊富で女性も自分サイズを見つけやすい。

## お気に入りを手に入れて さらに高まるサイクル熱

YouTubeでロードバイクの情報を初心者目線で発信しているアヤさん。自転車好きの父親の影響を受けて自転車に乗るようになり、一緒にツーリングをすることも多いそうです。所有しているロードバイクは、GUSTO(グスト)とAVEDIO(エヴァディオ)。初めて購入したGUSTOは、見た目重視で選んだそうです。ブラック&ゴールドの色使いで、左右非対称のカラーデザインが特長的な1台です。

2台目のAVEDIOは、平地が多いコースを走るために、空気抵抗を最小限に抑え、軽い力で安定してスピードが出ることに着目。さらにハンドル、フレーム、シートポスト*、ロゴの色を選ぶことができるので、その組み合わせで世界に1台しかない自分だけのカラーリングの自転車にできる点も魅力だったそうです。

「好きな色を選んだり、部品をカスタマイズすると、自分だけのものという愛着が湧きますよね」。自分にとって最高の1台を探すのは、サイクルライフの楽しみの1つです。

＊サドルの高さを調節するパーツ。

TANZAWA

TSUKUBASAN

## パンクもケガもしたからこそステップアップできる

アヤさんの最近のお気に入りは、山や峠を走るヒルクライムです。

「きっかけは栃木県日光市と群馬県片品村（かたしなむら）の県境・金精峠（こんせいとうげ）で100km走ったヒルクライムの体験です。上りはつらくて絶望に絶望を重ねている感覚ですが、上りきると言い表せない達成感があります。自信もついたし、もっと上りたい、と病みつきになりました」。

いまでこそ、臆することなく長距離のヒルクライムにも挑戦するアヤさんですが、これまでには知識や経験の足りなさから失敗やケガもしたと言います。

「ロードバイクに乗り始めた頃は、パンクを繰り返しました。タイヤは、釘などが刺さるより、道路の段差などから受ける衝撃のほうが、パンクする確率は高いのです。それを知らずに段差のあるところを平気で越えて、1日に2回もパンクしたこともありました」。

このときは、一緒にいた父親に教えてもらいながら修理をしたそうですが、「もし独りで携帯電話の電波も届かない場所だったらと考えると怖いですね」とアヤさん。これを教訓に、自分で修理できるように練習を重ねたそうです。

また、体に合わないレンタル自転車で山道を下る際に落車をしたことも。

「縫合手術をする大ケガでした。以来、スピードを出し過ぎてしまいがちな下り坂は、落車しても大

伊豆大島を一周した際に立ち寄った名所、泉津の切通し。
40km以上ある島の外周は変化に富んだアップダウンのある道。

**左**／金精峠の標高は2,024m。写真は峠の頂上近くの駐車場。**上**／岡山県赤磐市（あかいわし）で開催されたスタンプラリーで、峠を走る途中のチェックポイント。

ケガにならない速度で下るようにし、危険なラインを超えないよう心掛けています」。

失敗から得た知識を積み重ねたからこそのスキルアップが、いまの安全な走行につながっています。

## かゆいところに手が届く
## サイクリストフレンドリーな宿に感動

アヤさんは湖や高原など景色のいい場所でのライドも好きで、関東を中心に泊まりがけで遠出をすることがよくあるそうです。そんなときに気になるのが宿泊施設。「ビジネスホテルを利用することが多いのですが、静岡県にある『ドーミーインEXPRESS富士山御殿場』は、サイクリスト目線でデザインされた部屋があり、とても気に入りました」。

部屋と直結した専用駐車場があり、車にロードバイクを積んだままチェックインが可能です。駐車場は施錠ができ、そこにサイクルラックもあるので、部屋から愛車を眺めながらくつろげたそうです。「一般的な宿では、自転車を輪行袋に収納して部屋まで運ぶ必要がありますが、サイクリスト向けの宿は自転車をそのまま持ち込めたり、整備スペースがあったりと快適です。茨城県にある『星野リゾートBEB5土浦』は、JR土浦駅に直結していて、自転車を引いてそのままチェックインできますよ」。

他にも、湖を一周するコースが人気の琵琶湖畔にサイクリスト向けの宿が増えていて、注目しているそうです。「未知のルートを開拓できるロードバイクは、非日常のプチ贅沢な旅をする感覚」と、アヤさん。宿で過ごす時間も楽しむライドも、YouTubeで発信していきたいそうです。

**上**／「ドーミーインEXPRESS 富士山御殿場」で宿泊した、デザイナーズツインルーム〝PEDAL〟の車庫。整備もできるくらい広い。**左**／車庫に直結する部屋も広々。**左下**／宿からの富士山の眺望。

**下**／「星野リゾート BEB5土浦」では、バスルームの湯船から鑑賞できる位置にサイクルラックが。

06

## 楽しい家族旅行 × Eバイク・ロードバイク

平野由香里さん

# 子どもと一緒に 自転車で家族旅行へ

**平野由香里**さん

**愛車▶**
DE ROSA「DE ROSA 2020 IDOL」
Panasonic「XEALT M5」
**職業▶**インドアバイク&アウトドアインストラクター、トレーナー
**活動エリア▶**関西
**お気に入りのサイクリングロード▶**紀の川サイクリングロード

## たくさん走るより一緒に楽しむことを大切に

Eバイク（電動付きスポーツバイク）専用のツアーを開催するなど、スポーツ自転車のインストラクターとして活動する平野さんは、自転車洗車専門店を営む夫と、4歳の息子さんとの3人家族です。休日には、息子さんを自転車に乗せて近所を走ったり、自転車旅に出かけたりしています。

「人と感動を共有できるところに、スポーツ自転車の魅力を感じる」という平野さん。もともとスポーツジムのインストラクターでしたが、仲間にすすめられたことがきっかけで、スポーツ自転車にハマったそうです。

「誰かと一緒に走るのが好きです。風が気持ちいいね、あの料理おいしかったねって言い合いながら走りたいんですよね。だから走る距離は重視していません」。

## 5kmでも10kmでもいい。子どもが楽しめる距離でお出かけ

息子さんの自転車デビューは1歳のとき、チャイルドトレーラーから始まりました。チャイルドトレーラーとは、自転車につなげてけん引する自転車用ベビーカーです。平野さんはアメリカのメーカーBurley（バーレー）社製を2台所有しています。車道を走りますが、強度があり、また、たとえ自転車が転倒してもトレーラーは倒れないつくりになっていて安心なのだそうです。

「子どもと出かけるときは着替えやオムツなど、何かと荷物が多くなりますが、全部トレーラーに積めるんです。またトレーラーをそのままベビーカーとして使えるタイプは、輪行の際に重宝します」。

仕事と夏の家族旅行を兼ねて和歌山県の串本を訪ねたときも、自転車とトレーラーを車に積み込んで行きました。息子さんに無理をさせないスケジュールを組み、トイレポイントも念入りにチェック。「ロードバイクでトレーラーを引きながら走り、途中の海で遊んだり、水族館や絶景ポイントに寄ったり。全行程15kmくらいを、ゆとりのあるスケジュールでのんびり走りました。息子が楽しんでくれたのが印象に残っています」。

子どもは急にトイレに行きたく

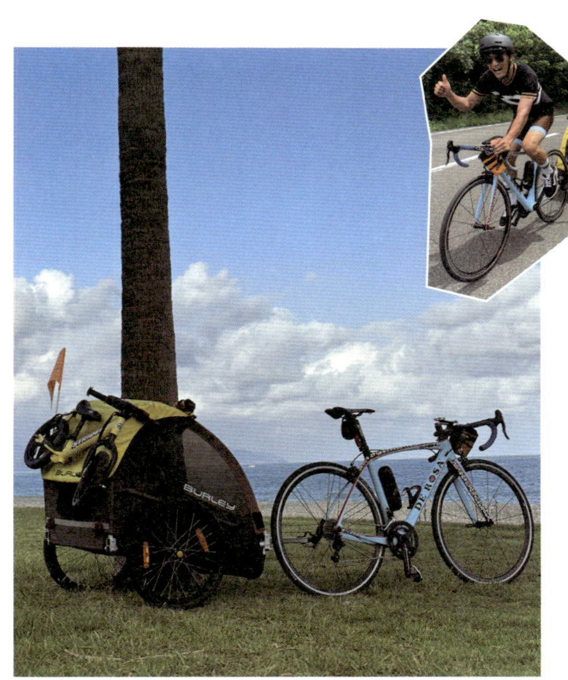


Burleyのチャイルドトレーラーをロードバイクにつなげて。平野さんの夫もけん引し、疲れたら交代しているそう。

なるときもあれば、ご機嫌斜めになることもあります。「だから、ぐずったら5kmでもやめる。次も楽しく乗ってもらいたいから」と平野さん。一緒に楽しめる、ほどよい距離を大切にしています。

## 1歳 チャイルドトレーラーでお出かけ

**下・左**／トレーラーは、防風のカバー付き。暑い時季はメッシュカバーにしたりロールアップしたりして風を取り入れている。

2歳

## 専用のチャイルドシートで一緒にライド

**右**／チャイルドシートをEマウンテンバイクに取り付ければ、電動アシストで森の中もラクラク。
**左上**／STRIDER（ストライダー）のキックバイクを練習する息子さん。

3歳

## トレーラーバーでタンデム乗り

**右上**／息子さんの自転車、RITEWAY（ライトウェイ）のキッズ用「ZIT」。
**左**／Eマウンテンバイクと息子さんの自転車をイタリアから個人輸入したトレーラーバーでつなげてけん引。

## 子どもの成長に合わせて自転車を替えて いつでも一緒に楽しみたい

遊びの中にスポーツ自転車があることの楽しさを、体験を通して教えたいと考える平野さん。アイテムも息子さんの成長に合わせて取り入れるようにしています。

2歳になりトレーラーに飽きてしまうようになったとき、平野さんが見つけたのは、マウンテンバイク専用のチャイルドシート。ショットガンという米メーカーのものを海外から個人輸入しました。サドル、ハンドル、足置きがセットになっていて、息子さんが大人の自転車のサドルとハンドルの間に座ることができます。

2歳からキックバイクで練習を始めた息子さんは、2歳半頃から自分で自転車に乗れるようになったそうです。3歳になると、自分1人で乗りたい気持ちが人一倍強くなったので、子どもと大人用の自転車をトレーラーバーでつなぎ、タンデムで走ることにしました。

息子さんの自転車の前輪は浮いていても、〝自転車を漕いでいる風〟で息子さんもご機嫌です。

近い将来には、「家族で海外へライドしに行きたい」と、平野さんの夢は膨らみます。

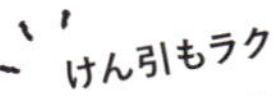

アシストがあるから急な坂道も上りやすい。

走った後は、みんなで野外料理なども楽しむ、平野さん主催のツアー。

## みんなで同じスピードで走りたいから、Eバイクを選択

インストラクターとして、Eバイク専門のツアーを開催する平野さん。Eバイクを選ぶのには、みんなで楽しむのが好きな平野さんらしい理由があります。

「Eバイクは電動アシストがあるので、パワーのない人にも走りやすい自転車です。逆にアシストに制限があるので、速く走れる人でもむやみにスピードを出せません。体力の差に関係なく一緒に走ることができるのが魅力だと思います」。

山道など自然の中を走るツアーも、観光地を巡るツアーも、老若

走力の差が少なくなり走りやすい

男女一緒に走ります。もちろん、息子さんとのライドでも、電動アシストが息子さんの自転車のけん引を助けてくれます。途中で買い物をして荷物が重くなっても、風の抵抗を感じにくいEバイクならラクラク走れるそうです。

「Eバイクにはロードバイク、クロスバイク、マウンテンバイクの3つがありますが、初めてスポーツ自転車に乗る人にはクロスバイクが扱いやすいと思います。メーカーごとに電動アシストの特性が異なるので、サイクルショップに相談してみるといいですよ」とのこと。体力に自信がない人は、Eバイクを自転車選びの選択肢に入れると遊びの幅が広がりそうです。

07

ゆったり歴史散歩
×
ミニベロ

つばめ号さん

# 地形や街のつくりを体感しながらミニベロでゆるりと巡る

**つばめ号**さん

**愛車▶**
DAHON「SPEED P8」
「Dove Plus」
ARAYA「MICRO SWALLOW」
FUJI「FEATHER CX+」
**職業▶**会社員
**活動エリア▶**関東
**お気に入りのサイクリングロード▶**多摩湖、狭山湖、彩湖

## 徒歩から自転車に替えて飛躍的に広い範囲を楽しめるように

ウォーキングで街歩きや美術館巡りをすることが好きで、毎週のように出かけていたと言う、都内在住のつばめ号さん。コロナ禍中、ミニベロがテーマのコミックを読んだことをきっかけに、自転車に興味を持ったそうです。

「自転車は、徒歩よりも広い範囲を回れるのがとても魅力的でした。美術館や博物館が点在する都心では、バスや電車を乗り継ぐよりも、自転車のほうが格段にたくさんの場所に行くことができる上、街の散策も楽しめます。東京ならではの目まぐるしく変わっていく街の様子を見ながら走るのも面白くて」。

以来、休日はミニベロで街と美術館をゆっくりと巡るのが趣味となりました。

**源流をたどって川沿いを走る**

一番のお気に入りは、遊歩道が整備された荒川水系の支流・黒目川。多摩川や鶴見川のほか、狭山湖など湖へも出かける。

## その土地ならではの歴史を想像しながらポタリング

ミニベロは、その土地の歴史や街の成り立ちを肌で感じられるのも魅力だと、つばめ号さんは言います。最初にその楽しさを体験したのが、歴史好きの夫と一緒に城下町、小田原を訪れたときです。

「小田原城址といえば、戦国時代に築かれた城と城下町を堀と土塁で囲む約9kmの『総構（そうがまえ）』が有名で、街の所々に遺構が残っています。遺構を自転車で巡ってみると、その大きさをリアルにイメージできましたし、馬の速度を意識して走ると、当時の武士がより身近に感じられましたね」。

小田原での体験をきっかけに、歴史に興味を持ったつばめ号さん。文化、街の成り立ち、伝統工芸な

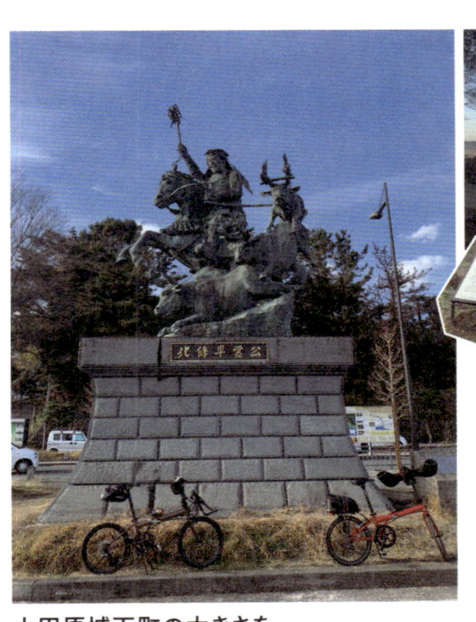

**小田原城下町の大きさを自転車で体感**

小田原城はもちろん、総構の遺構、北条氏と敵対した豊臣秀吉が建てた一夜城の跡地などをポタリング。バスやタクシーよりも機動力に勝る。

**都内で江戸城見附巡りも**

江戸城に36か所置かれた見附（見張り番）巡りも、お気に入りのコース。歴史案内の看板だけの場所も多いが、車ではなくミニベロだから気づける風景もある。

どにも惹かれ、事前にその土地のことを調べてからポタリングに出かけるようになったそうです。

「事前に情報を得ておくと、実際にその場所を走るときにイメージが広がりますよ。その土地の人と話したり、現地で見聞きしたことを、帰ってから調べたりするのも面白いものです」。

　川の成り立ちや歴史がわかる川沿いのサイクリングも、つばめ号さんのお気に入りです。

「近所の荒川水系の支流を、どこから流れてきているのかな？　とたどったことがきっかけです。川沿いを散歩している人たちもどこか幸せそうで、その姿を見ているこちらも幸せな気分になります」。

あまりカスタマイズはしないつばめ号さんの唯一のこだわりは、ペダル。4台すべて取り外せるタイプに変更。さらにDove Plusは軽量のペダルをと、用途でチョイス。

## 都内の街巡りから
## 遠方の城下町巡りまで
## 目的に合わせて、4台を使い分け

江戸城の総構を守る城門・見附巡りをしたり、源流をたどって川沿いを走ったりと、楽しみ方を広げてきたつばめ号さん。いままでは目的に合わせてミニベロを3台、未舗装路が走りやすいグラベルロードバイク1台を所有しています。人混みの多い都内では、軽量で持ち運びやすいDAHONのミニベロ「Dove Plus」を愛用しているそうです。

「初めはDAHONのSPEED P8に乗っていましたが、少し大きくて。都内の電車でも邪魔にならず運びやすいものをと、Dove Plusを購入しました。歩行者の邪魔にならないので、都内を走るときに重宝しています」。

遠出に活躍するのが、ARAYAの「MICRO SWALLOW」です。見た目のかわいさと、つばめ号さんの生まれ年にできた自転車の復刻版だったことが購入の決め手でした。

「折りたたみではありませんが輪行バッグにそのまま入るサイズなので、電車に乗るときにとても便利です。ドロップハンドルなので、長時間乗っても手が痛くならないのも助かっています」。

SPEED P8は近所で、グラベルロードバイクは長距離や砂利道を走りたいときに。こんなふうに4台をしっかり使い分けながら、歴史を味わうサイクルライフを満喫しています。

上／折りたためて重さ約7kgと軽量のDAHON「Dove Plus」。

下／砂利道もOKなグラベルロードバイクFUJI（フジ）「FEATHER CX+」。右／ドロップハンドルのARAYA「MICRO SWALLOW」。右下／走破性と携行性のバランスがよいDAHON「SPEED P8」。

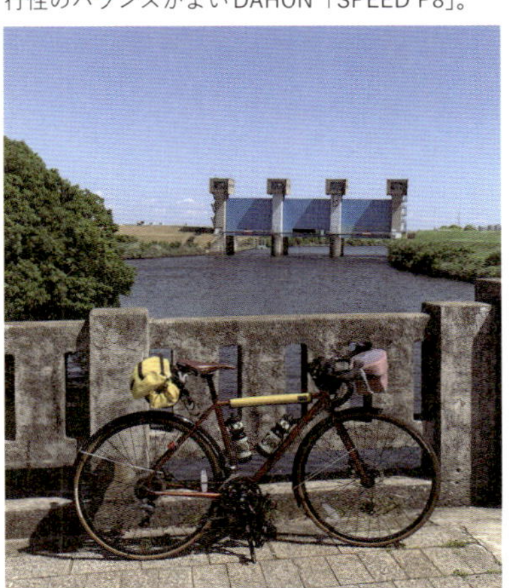

03

## 気ままにソロ輪行 × ロードバイク

なななさん

# 風を感じながら気持ちよく走るソロライド

**ななな**さん

**愛車▶**
BMC「Teammachine SLR」2台
「Twostroke AL」
FORCE「Moravia 100V」
FUJI「HERION R」
RENAULT
「ULTRA LIGHT7 TRY143」

**職業▶**自転車系YouTuber（「なななチャンネル」運営）
**活動エリア▶**関西
**お気に入りのサイクリングロード▶**淀川サイクリングロード

## 行動範囲が広がるから いろいろな場所に 行きたくなる

スポーツ自転車での旅やロングライドへの挑戦などをYouTubeで発信している、大阪在住のなななさん。通勤用にロードバイクを購入したのが、スポーツ自転車との出合いです。始めは近所の平坦なサイクリングロードを走っていましたが、同じ道を往復してばかりですぐに飽きてしまい、自転車を保管したままになってしまったそうです。

「このままではいけないと思い、YouTubeでロードバイクの初心者向けの情報を検索しました。そうしたら、あれこれとやってみたいことが出てきて、それに挑戦するうちにどんどん自転車が好きになっていきました」。

その中で特に心惹かれたのが、自転車を公共交通機関に載せて遠出をする輪行です。自転車は近所で乗るものだとばかり思っていたなななさんの概念は、大きく変わりました。

もともと1人旅をするほど旅行が好きだったなななさんは、輪行を知ったことで「無限に行きたいところがあるので飽きない趣味ができました」と話します。以来、輪行で全国各地をライドしています。

## 行きたいルートをアプリにたくさん保存。失敗を重ねて輪行上手に

自転車を始めた頃は30㎞走れば満足でしたが、走行距離が延び、ヒルクライムができ行動範囲が広がると、楽しさも増していったそうです。しかし、失敗もたくさんあったと言います。

「北海道を1日で300㎞走る挑戦をしたときは、つらかったですね。夜中になり、真っ暗な道を走ることに。いろいろな経験を経て、自分の限界や、気持ちよく走れる距離がわかるようになりました」。

ロードバイクでの輪行は、自転車の分解や組み立て、持ち運びに時間を要します。以前は、組み立てが甘くて変速機周辺が壊れたこともあったそうです。

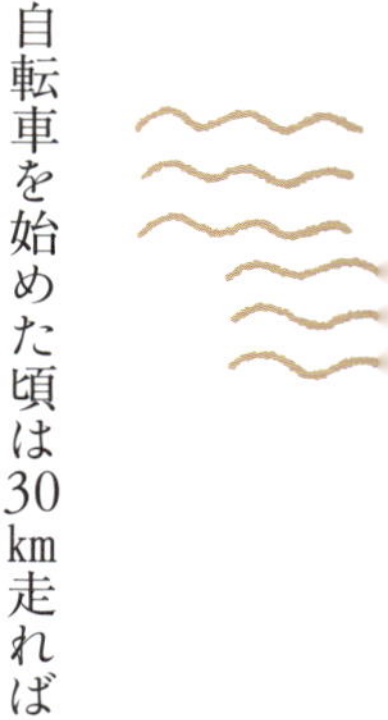

富士山 しらす街道

「そうした経験から、移動時間は余裕を持つようにし、思わぬトラブルに対応できるようにシミュレーションもしています。当初は自転車の組み立ても何度も練習しました。また、着替えなどすぐに使わない荷物は宿泊先に送っておくと、身軽に移動できます」。

輪行はスタートとゴール地点が違う分、行くことのできる範囲が広がりますが、どのようにコースを計画しているのでしょうか。

「まず観光したい土地の自治体のホームページでサイクリングロードがあるかを調べます。そこに自分の行きたいスポットを組み合わせてコースをつくっています。調べているときも楽しくて、行きたいルートを自転車アプリにたくさん保存していますよ」。

九州便が充実する「さんふらわあ」など、大阪南港を輪行に活用。

自転車をそのまま載せられる京都丹後鉄道のサイクルトレイン。

ロードバイクを輪行袋に入れて、電車に乗って全国どこへでも。

## ソロだからこその自由さ。自分に合った距離やスタイルを見つける

輪行で各地を巡るななさんのスタイルは、ソロライドです。理由は、「無理をせず、自分のペースで走りたいから」。グループライドでは男性と一緒に走る機会もあり、トイレへ行くタイミングなど言い出しにくいこともあります。また走力に差がある場合、気心が知れていないと無理をしてペースを合わせてしまいがちです。そうしたことから、自然とソロで走るようになったそうです。

「パンクの修理やルート調べなどができれば、女性でもソロライドができます。私は速く走るよりも、風を感じて爽快に走ることや、いろいろな場所に行くことが楽しいので、ソロライドが合っています」。

最も印象深い旅は、和歌山から千葉へ全長1，487kmを10日間で走破した、太平洋岸自転車道。「和歌山から千葉まで自転車道が続いていることにロマンを感じて挑戦しました。雨に降られたり砂浜沿いの道が砂に埋もれていて迂回したりと困難がたくさんありましたが、ゴールしたときは涙が出るほどの感動と達成感でした」。

その他にも阿蘇の壮大なカルデラに息をのんだり、沖縄でさとうきびを初めて食べたりと、全国各地を走った思い出は尽きません。

全国各地の絶景とグルメを満喫
房総半島（千葉）
しまなみ海道
やまなみハイウェイ（九州）
大台ヶ原（奈良）
錦帯橋（山口）
太平洋岸自転車道
堀切
1.2Km
休憩場
0.3Km

## 近場にお気に入りのルートを見つければサイクルライフがもっと身近に

なななさんには、地元にもお気に入りのルートがいくつかあります。1つは、大阪から京都まで続く淀川サイクリングロードです。パン屋、飲食店など、立ち寄るお店も決まっているそうです。

「大阪から淀川サイクリングロードを走って終わりにある『さくらであい館』には大きなサイクルラックがあり、サイクリストが集まっています。ここから桂川サイクリングロードで嵐山まで走れるんですよ」。

もう1つのお気に入りは、アップダウンで変化がつくのが面白いヒルクライムのコースです。坂道を頑張って上れるのは、その先にご褒美があるからだそうです。

「大阪南部にある和泉市の槙尾山（まきおさん）は少し軽めのヒルクライムコースです。森の中にハンバーガーがおいしいカフェがあって、そこのハンモックに体を預けたら起きられなくなりますね。傍示峠（ほうじとうげ）もお気に入りです。峠の先にあるおでん屋さんの大根がとてもおいしいんですよ」と、なななさん。景色やグルメをモチベーションにするほどよいゆるさが、日常の楽しみを広げているようです。

**アップダウンが楽しいご近所ヒルクライム**
大阪・交野市から奈良へと抜ける傍示峠。

# 関西のサイクリストの定番・淀川サイクリングロードへ

**上**／走り慣れた淀川サイクリングロード。**下**／サイクリストでにぎわう「さくらであい館」で小休止。

## ハンモックでごろり。槇尾山へ

**右上**／槇尾山へ出かけるときの起点「道の駅 くろまろの郷」。**右**／槇尾山の緑に囲まれたハンモックカフェ「GREEN ROOM」がお気に入り。サイクルラックもあり、立ち寄りやすい。

ミニとどこ行こう?さん

**愛車▶**
BROMPTON「M6E」(りょうさん)
「S6L」(りえさん)
**職業▶**ウェブコンサルタント(りょうさん)、ウェブデザイナー(りえさん)
**活動エリア▶**都内、長野県、山梨県
**お気に入りのサイクリングロード▶**久比岐(くびき)自転車道

09

**大人の外遊び**
×
**ミニベロ**

ミニとどこ行こう?さん

# 車とミニベロで 外遊びに出かける休日

## 新しい家族を迎える気分で2台のBROMPTON(ブロンプトン)を購入

「会話ができるくらいのスピードで、ミニベロでポタリングを楽しんでいます。散歩よりも少し遠くの目的地まで行くイメージかな」と話すのは、都内在住のりょうさん・りえさん夫妻。イギリス車、クラシックMINIの愛好家としてYouTubeを配信していますが、「MINIに自転車を積んで出かけ、訪ねた先で乗りたい」と思い、同じイギリス発のBROMPTONを購入しました。

車だけでなく、道具もビンテージものが好きな2人のこだわりは、「見た目がよく、長く使えるものであること」。そこでサドルをレザーに替え、ハンドルも好みの形に替えるなど、自分たちの理想のスタイルにカスタマイズ。まるで新しい家族のような気持ちで迎え入れました。

普段はミニベロでカフェに行ったり、川沿いのサイクリングロードを走っているという2人。夫婦揃って在宅ワークがメインということもあり、月に一度はワーケーションを取り入れて、滞在先でもポタリングを楽しんでいます。

車にも自転車にも傷がつかないよう、車に積むときはジャストサイズの段ボール箱に入れて。

## ポタリングとチェアリングで気軽に楽しむアウトドア

2人がハマっているのが、行った先々でゆったりイスに座って過ごす「チェアリング」です。シチュエーションに応じて、2種類のイスを使い分けているそうです。「チェアリングする場所が決まっているときは、背もたれのある大

**上・右**／BROMPTONのバッグにアウトドアブランド「wander out（ワンダーアウト）」のスツールなどを入れてチェアリングへ。「STANLEY（スタンレー）」のフードジャーにはコーヒーやスープを入れて。

**右**／ワーケーション先の白馬で。アメリカのブランドの「Kermit Chair（カーミットチェア）」に座ってのんびり過ごす。

きめのイスを背負って目的地まで自転車を走らせます。ベストの場所にイスをセットして景色を見ながらご飯を食べたり、本を読んだりしてくつろいでいます。決まっていないときは、軽いスツールを持ってポタリングして、よい場所を見つけたら、おいしい空気と推しスイーツやコーヒーと共にチェアリングタイムです」。

フロントバッグに入れるのはスツールやブランケット、フードジャー。どこにいても、気軽にアウトドア気分が楽しめます。

休日には車を走らせ、奥日光や那須のサイクリングロードを走ったり、森林ポタリングを楽しんだりしています。最近は自転車での

**上**／ミニベロに荷物を積み込んでデイキャンプへ。**右**／久比岐自転車道の防波堤にて、カニ三昧。桶にカニをたくさん入れて、家族や友人同士がいたるところでカニパーティーを開いているのだとか。

デイキャンプも始めました。

「車だと一瞬の景色でも、自転車ならゆっくりと走りながら長い時間、自然の壮大さや豊かさを感じることができる。それがポタリングの醍醐味ですね」とりょうさん。

りえさんがポタリングにおすすめの場所として教えてくれたのは、久比岐（くびき）自転車道。新潟県の上越市から糸魚川市を結ぶ全長32㎞の日本海沿いのサイクリングロードで、途中の道の駅では、ゆでガニをぜひ味わってほしいそうです。

「自転車に乗って疲れた体に、カニの塩気がちょうどよいですよ。平坦な自転車道なので、ミニベロでとても走りやすいんです」。

運転免許を持たないりえさんにとって、ミニベロは日常でも広い世界を見せてくれる相棒です。
「少し遠くの商店街へ、１人で自由に買い物に行けるようになったのが、すごくうれしくて」。
商店街をゆるゆると走っていると、「こんなところにお店がある！」と発見の連続。店内をのぞいては、パン、総菜……と、リバティ柄のフロントバッグがどんどん膨らんでいくのだそうです。
「私、もともとはインドア派だったんです。ミニベロに出合って、

## 徒歩から自転車へ。体を動かす心地よさを実感

下／りえさんにとってミニベロは、日常でできる初めてのほどよい運動。

体を動かす楽しさを人生で初めて知りました。集中して自転車を漕いでいると、頭の中がスッキリとして、メンタルにもよい気がしています」。

在宅ワークの合間やランチ休憩に、2人で自転車に乗ることもしばしば。外でお弁当を食べるのも、よい気分転換になっています。「ミニベロに乗っているときの妻は、口角が上がっているんです」と、りょうさん。自転車で「出かける」のではなく「一緒に過ごす」感覚で、もはや生活から切り離せない存在になっているようです。

**在宅ワークのランチタイムに**

仕事の合間の安らぎの時間。気に入った場所ですぐ立ち止まれるのも、自転車のよさ。

**ぶらり都内散策にお出かけ**

休日は、都内の観光地や公園へもポタリング。

## 近所でカフェ巡り

**上**／カフェでは、BROMPTONを愛でながら過ごすという2人。足元に置けないときは、盗難防止のため柱など建造物とつないで鍵をする「アース（地球）ロック」を徹底。

**右**／カメラ機材用のバッグ。カメラが趣味のりえさんは、まるで我が子を撮影するような気持ちでファインダーをのぞくのだとか。

10

# 広がるサイクリストの輪で充実の地元ライド

週末女子会
×
ロードバイク

miccoさん

**micco**さん

**愛車▶**
SPECIALIZED「ROUBAIX」
「VADO」
**職業▶**医療職
**活動エリア▶**和歌山県
**お気に入りのサイクリングロード▶**高野山へのルート、しまなみ海道

# 平日の通勤はEバイク、週末はロードバイク。日々、スポーツ自転車を楽しむ

Eバイクとロードバイクを所有するmiccoさんが、サイクルライフをスタートしたのはコロナ禍のこと。運動不足を解消したいと思い、スポーツ自転車専門店で初めてロードバイクに乗りました。まるで風になったような軽い乗り心地で、自転車の概念が変わったそうです。さらに、晴れの日の通勤用にEバイクも購入しました。

「Eバイクは漕ぐ力が軽くても進むので、坂道の多い通勤に便利です。汗だくになることもないので、チェーンに巻き込まれないようボトムスに気をつければ、普段着のおしゃれも楽しめます」。

電車の乗り換えや自動車の渋滞から解放されたのも利点です。

「通勤でEバイクを淡々と漕いでいるときは、頭の中を整理できてストレス解消になります。ロードバイクはよりスポーツ性があり、自分の力で漕ぐローテク感が面白いですね」と、平日は通勤でEバイク、週末の1日はロードバイクで、オンもオフも自転車を楽しんでいます。

SPECIALIZED（スペシャライズド）のEバイク「VADO」で通勤。

## 目的は映えとグルメ！　仲間と女子会ライド

m・iccoさんのInstagramには、ロードバイク女子たちとの弾ける笑顔がたくさん並んでいます。仲間が仲間を呼んで輪が広がりました。「写真撮影とグルメを目的に数名で〝女子会ライド〟に出かけることが多いですね。自転車に乗るとご飯もよりおいしくて、つい食べすぎてしまいます」と、笑います。

もう1つの楽しみは、みんなとのおしゃべり。道路を縦に並んで走る自転車ですが、「ヘルメットに装着する自転車用インカムを使うと、走行中も話しやすいですよ」と、便利なアイテムも使っています。進行方向などもすぐに伝えられて安心です。

こうしたライドは日帰りがメインですが、フェリーの深夜便を活用して遠出もするそうです。「金曜日の夜に大阪南港からフェリーに乗ると、寝ているうちに愛媛の東予港に着きます。しまなみ海道を楽しんで、土曜日の夜にフェリーに乗れば日曜の早朝に大阪南港に戻ることができます」。

早朝に集まって、朝活ライドをすることもあり、忙しい日々の中でも、サイクルライフを充実させています。

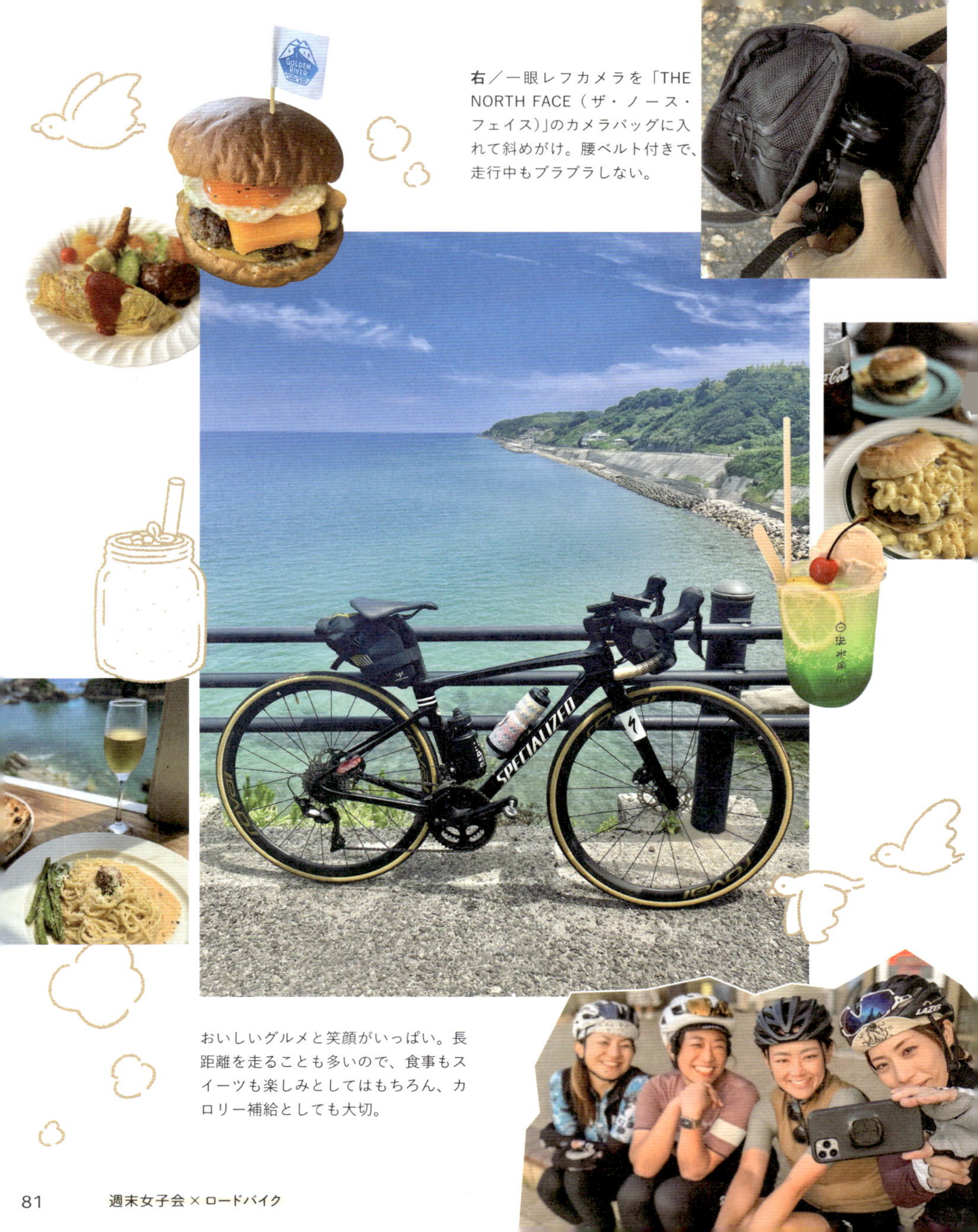

**右**／一眼レフカメラを「THE NORTH FACE（ザ・ノース・フェイス）」のカメラバッグに入れて斜めがけ。腰ベルト付きで、走行中もブラブラしない。

おいしいグルメと笑顔がいっぱい。長距離を走ることも多いので、食事もスイーツも楽しみとしてはもちろん、カロリー補給としても大切。

**御朱印集めも楽しい！**
和歌山県には寺社仏閣も多く、サイクリングの目的に御朱印集めもしている。

## 海も山も楽しめる サイクリング王国・和歌山を満喫

ｍｉｃｃｏさんが暮らす和歌山県は、紀伊半島の南端に位置し、海も山も楽しめる自然豊かな場所。「和歌山はサイクリング王国なんですよ」と言う通り、「ＷＡＫＡＹＡＭＡ８００」と名付けられた総距離８００㎞にも及ぶサイクリングロードが整備されています。道路の端に引かれた青い線「ブルーライン」を目印に走ることもできます。

ｍｉｃｃｏさんのお気に入りは、世界遺産・高野山へと続く道です。標高が１，０００ｍある高野山へは、坂道を走るヒルクライムです。

「初めて上ったときの感動と達成感が忘れられず、つらくてもまた行ってしまいます。高野山は天空都市のようで、漂う空気感が違って感じます。夏でも涼しく、秋の紅葉もとてもきれい。名物の『やきもち』は絶対に食べますね。ルートもいろいろあるので、飽きることがありません」。

他にも白浜の海岸線を走ったり、魚介やフルーツなどグルメを味わったりしていて、「自転車に乗り始めて、あらためて和歌山のよさに気づいた」と話します。自転車には、自分が暮らす地域の魅力を再発見させる力があるようです。

**右**／娘さん２人と一緒に白浜をサイクリング。娘さん用には白浜のサイクルステーションでＥバイクをレンタル。

**上・右上**／高野山の大門と、ススキがきれいな道を走るmiccoさんたち。同じ道でも季節が異なればまた違う魅力が見つけられる。

**左**／高野山界隈には、名物・やきもちのお店が点在。疲れた体に甘いものが染みる。**右**／ある日のヒルクライムの力のもとは、カレーうどん。

**右下**／白浜のシンボル、円月島（えんげつとう）。
**下**／海も山も楽しめるのが和歌山県の魅力。

11

親子でポタリング
×
ミニベロ

m_qussyさん

# 気になる場所にふらっと立ち寄り。子どもとの遊びの幅が広がる

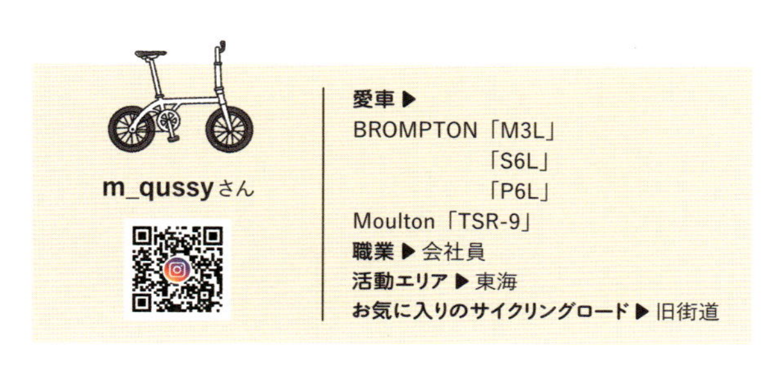

m_qussyさん
愛車▶
BROMPTON「M3L」
「S6L」
「P6L」
Moulton「TSR-9」
職業▶会社員
活動エリア▶東海
お気に入りのサイクリングロード▶旧街道


# 相棒は、高校生の頃からあこがれていたイギリス生まれの自転車

中学生の娘さんと5歳の息子さんがいるｑｕｓｓｙさんは、ミニベロで子どもたちと過ごす日々を楽しんでいます。

「高校生の頃、BROMPTON（ブロンプトン）とMoulton（モールトン）を雑誌で見かけて、いつか乗りたいと思い続けていました。大人になって、最初に購入したのがBROMPTONです」。

どちらも歴史のあるイギリス生まれの自転車メーカー。クラシックなものが好きなｑｕｓｓｙさんは、創業以来貫かれている基本設計や、美しさと機能性が兼ね備えられたフォルム、そしてメーカーの歴史的ストーリーに惹かれたそうです。

「乗ることで自分のストーリーも重なり、だんだんと愛着が湧き、よき相棒になっています」。

実は安価な折りたたみ自転車を購入したこともあったのですが、折りたたむのに手間がかかり、乗り心地も悪く、結局乗らなくなったという経験から、高価でも、専門店で信頼のおけるメーカーの自転車を購入しています。

下／ピンクの色がかわいらしいMoulton

## カスタマイズした自転車で子どもと一緒にポタリング

子どもと遊びに行くときは、3台所有するBROMPTONが活躍しています。初めて自分用に購入した1台は、現在、娘さんが愛用しています。娘さんが小学4年生の頃、自転車専門店に相談しながら体に合わせてカスタマイズ。小さな手でも握れるようブレーキの幅を狭めたり、ハンドルのサイズや位置などを変更したりしたそうです。愛着のある1台を、親から子へと受け継ぐアイデアです。

2台目は購入したときのまま使用し、3台目にはチャイルドシート用のフレームを取り付けて息子さんを乗せています。子ども用のサドルは娘さんが5歳の頃に購入したもので、簡単に取り付け・取り外しができるそうです。ハンドルは子どもが一緒に掴みやすいものをと、ストレートではなく、上にラウンドした形状を選びました。「チャイルドシート用のフレームは4万円ほどしたので、はじめは購入を躊躇しましたが、振り返ると、とても価値がある買い物でした。もともと子どもたちは外に出るのが大好きでしたが、大人と一緒に自転車に乗れるようになり、行動範囲が広がりました」。

近所でのポタリングだけでなく、小さな体で諏訪湖を一周するほど自転車が大好きな子どもたち。小さな頃からキックバイクで2〜3㎞は走っていた息子さんは、いまは娘さんのお下がりの子ども用自転車にも乗っています。遠方に行く際は、自分が走ったことのある道、車が少ない道、幹線道路は歩道を走れる道など、子どもの安全に配慮したルート選択を大切にしています。

BROMPTONにチャイルドシートを取り付けて。

**上・左**／息子さんのヘルメットに、自転車用ライト「ゴーゴーダック」が。これを取り付けたら、嫌がらずにかぶるようになったそうです。

## 小回りが利くミニベロは、営業の仕事でもプライベートのアート巡りでも活躍

qussyさんはBROMPTONを、好きなアートや建築巡り、子どもたちとのポタリングや仕事用にと、目的に合わせて、車に積んで出かけています。

愛車を入れた撮影にも余念がありません。自転車を美しい螺旋階段と絡めたり、気に入った壁画や建築を背景にしたりして、画角にこだわって写します。写真には、よく一緒に出かける息子さんがひょっこり顔を出すことも。自転車と一緒に撮影したくなるような風景や場所探しも、楽しみの1つです。

都市部では車の駐車に時間がかかるため、以前、営業の仕事をしていたときは、ミニベロで得意先をまわっていました。いまは設備点検の仕事をしており、広いエリアに設置された施設を巡るときに使っているそうです。

仕事にもプライベートにも汎用性があるのは、小回りが利くミニベロならではです。

大好きな藤森照信氏の建築作品

（左ページ）**下**／岐阜県に点在するロームカウチ氏のウォールアートを巡る。

BROMPTON

# 「縛り」をつくると始めやすく続けやすい。ソロで行く旧街道

qussyさんが暮らす名古屋には、江戸―京都を結ぶ旧東海道が通っています。「ここを走るとどこまで行けるのかな?」とふと思ったことをきっかけに、1人での旧街道ライドも楽しんでいます。まずは、自宅から京都に向けて市内の熱田神宮まで走り、次は江戸方面へ岡崎まで。自宅を拠点に次第に距離を伸ばして、これまでに西は京都、東は三島までを走破しました。

「旧街道は石畳の道も山道もあります。近くに舗装路があっても、当時の面影を偲びながら進みたいので、あえて舗装路は使わず自転車を担いで移動しています。自宅から東京・日本橋までもうひと息で走破できそうですが、急な坂道のある箱根の山に阻まれています」と笑います。地図にない道もあるので、宝探しのように道を探しながら走るそうです。

「宿場町ごとに残る古い建物を見たり、歴史に思いを馳せたりするのは面白いですね。気になる場所もゆっくりと巡りたいので、距離は1日60㎞ほどにおさめるようにしています。帰りは、近くの駅まで漕げば輪行バッグに入れて電車に載せて帰れると思ったので、気軽に始めることができました」。

旧東海道だけでなく、旧中山道ライドも行っています。テーマを設定すると始めやすく、次の目標もつくれるので続けやすいそうです。例えば城、寺社、パン屋巡りなど、自転車と自分の好きなものを組み合わせることで、モチベーションもアップします。

**上・下**／風情のある宿場町を巡り、その土地の名物を食べるのも楽しい。

**下**／旧街道は道なき道を通ることも多い。山がちな旧中山道は、走りに行っているのか、登りに行っているのかわからなくなることも。

# 12

## あちこち夫婦ツーリング × ロードバイク

tom's cyclingさん

夫婦でも、ソロでも。
さまざまなスタイルでライドを楽しむ

**tom's cycling**さん

**愛車▶**
TOMIさん：SPECIALIZED「Tarmac SL7」
「VENGE PRO」
GIANT「TCX」
MERIDA「SCULTURA 6000」
YOPIさん：TREK「Émonda」
Liv「BRAVA」
SPECIALIZED「Vado SL」

**職業▶**理学療法士（TOMIさん）
**活動エリア▶**千葉県近郊
**お気に入りのサイクリングロード▶**
花見川サイクリングロード

## 自分の脚だけを頼りに進んでいく。近所なのに、冒険しているような楽しい気持ちに

夫婦でロードバイクを楽しみながら自転車関連の動画をYouTubeで発信しているTOMIさんとYOPIさん。先に乗り始めたのは夫のTOMIさんで、きっかけはスポーツ自転車での旅でした。「自転車で旅をしたいと思い、クロスバイクで200kmくらい走りました。その旅がとても楽しくて、スポーツ自転車にハマっていきました」。その後、結婚をきっかけに妻のYOPIさんを誘い一緒にロードバイクに乗るように。最初に2人で走ったのが、千葉県のいくつかの市にまたがっている花見川のサイクリングロードでした。海側から利根川の入り口まで往復すると100kmほどの距離になります。「花見川は別の地域に入ると名前が新川に変わり、さらに走ると印旛沼という湖沼につながって、景色の変化がとても大きいんです。その中を動力に頼らず自分の脚だけを頼りにスピードを出して進んでいく感覚が、近所なのに冒険しているようで、子どもに返ったような楽しい気持ちになりました」。

YOPIさんにも同じ気持ちを感じてほしくて、まずその場所を走ったのだそうです。

## もっとサイクリングを楽しむために、おいしいものと絶景を目指して走ることに

TOMIさんが1人で走ってい
た頃、手やお尻、膝など体の痛みがとても多かったそうです。どうしたら体に負担をかけずに走ることができるのか、自転車関連の雑誌や書籍を読み込んで勉強する日々。失敗と改善を繰り返し、やがて快適に長距離を走れるようになりました。

「他の自転車好きな人と比べても、上手く走れるようになるまで随分と遠回りをしてきたと思います。その分、自分の失敗が誰かの役に立つかと思い、YouTubeでの発信

**左上**／東京、千葉、埼玉にまたがる「江戸川サイクリングロード」沿いのドーナツ屋「シクロ」。オーナー自身がサイクリストなので、自転車乗りへの気遣いがとてもありがたいお店。うれしいダイエット向けのドーナツもある。**左**／右からシクロオリジナルドーナツとパンプキンクリームドーナツ（季節限定）。

を始めました」。

トレーニングのためによく走っているのが、房総エリア。日本で一番平均標高が低い千葉県は、土地が平らなので、どこを走っても、走りやすいそうです。目標を立ててしっかりトレーニングを続ける中、頑張って速く走れたときとは違う楽しみを見出したいと思い、おいしいものと絶景を目指して走ることに。「走ったあとの楽しみがあると、走る楽しみもより倍増します。サイクリストウェルカムのお店を選べば、自転車置き場があって盗難の心配がない上に、自転車ウエアで入りやすいので、スポーツ自転車に乗り始めた人におすすめですよ」。

## 長い道のりを走った後の<br>この上ない達成感

日本全国いろいろな場所を走っている2人に、いままでに印象に残っているライドを伺いました。「C to C」と呼ばれる、太平洋から日本海まで走るライドに挑戦したときです。東京の葛西臨海公園から新潟まで20時間くらいかけて2人で励まし合いながら完走しました。長い道のりでとてもつらかったですが、終わった後にこの上ない達成感がありました」。

また約520kmの距離を丸2日かけて完走した、千葉県一周も思い出深いライドの1つです。走る直前まで必ず天気予報を確認して雨雲レーダーを入念にチェックしていたにもかかわらず、2日目が大雨に……。

「天気予報は晴れだったので、輪行袋を持っていませんでした。大雨でも電車で帰ることができない上、半分以上の距離を進んでいたので、ここまで来たら完走したいと思いました。無理せずこまめに休憩をとりながら、大雨の中何時間も走り続けて、どうにか完走することができました」。

TREK

## 愛車7台は室内で保管。自宅内でトレーニングすることも

**上**／自転車を取り付けて室内でトレーニングができるMINOURAの3本ローラー。2台並べて2人で一緒に走る練習をすることも。**下左**／壁面を有効に使い自転車やヘルメットを保管。**下右**／スペースを有効に使え、美しく収納できる突っ張り棒式のバイクタワー2本を使い、4台の自転車を収納。他の3台は床に設置するスタンドに置いて保管している。

**下**／ YOPIさんが自転車仲間と大分県のサイクリング大会に挑戦したときに訪れた、別府市の景色。

## それぞれのスタイルで、幅広く楽しめる。それが、スポーツ自転車の最高なところ

競技に出たり仲間と山を走ったりと、それぞれのスタイルでライドを楽しんでいる2人。YOPIさんは誰かと一緒に走ることが好きだと言います。

「同じトレーニングをするのでも、誰かとしたほうがモチベーションが上がっていつも以上に力が出るんです」。一方、1人ならではの良さもあると言うTOMIさん。

「何も考えずに走っていると、日頃考えていることがまとまって、頭の中がスッキリしてくることも。仲間と一緒でももちろん楽しいですが、自分のペースで自由に走るのも楽しいですね」。

最後にTOMIさんがスポーツ自転車の魅力を語ってくれました。

「ただサイクリングをするだけでも、目標を持ってトレーニングとして乗るのも、どちらも楽しいし、乗っているだけで健康になる。本当にいろいろな楽しみ方ができるのが、スポーツ自転車の最高なところだと思います。最初にクロスバイクに乗ったときやロードバイクに乗ったときの、あのビュンッと風を切る感じが今でも忘れられなくて。これからもライフスタイルの変化とともに、スポーツ自転車を楽しんでいきたいです」。

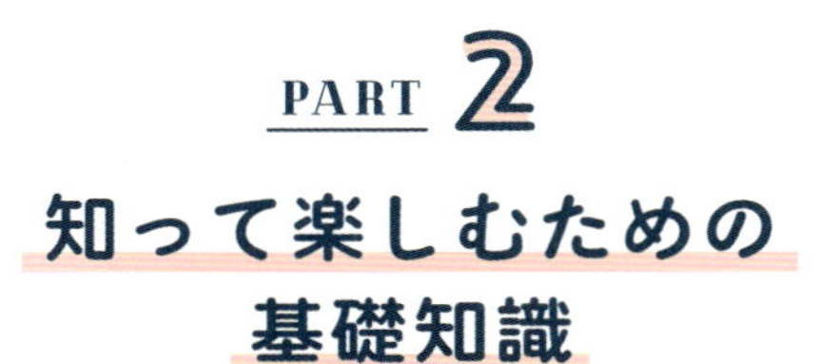

PART 2

# 知って楽しむための基礎知識

より本格的に自転車に乗りたい人にとって、スポーツ自転車はうってつけ。でも、うまく乗れるかな、購入しても乗り続けられるかなと、不安を感じている人も多いかもしれません。
そこでPART2では、スポーツ自転車に親しんでもらうための、基本知識をまとめました。どんな車種があり、どのようなシチュエーションが得意なのか。選び方や安全な乗り方など、わかりやすく解説します。

# スポーツ自転車とは?

「スポーツ自転車」の厳密な定義はありませんが、この本では単なる移動手段ではなく、乗ること自体を楽しめる、趣味やスポーツのための自転車と定義しています。シティサイクルとの違いは、高性能であり、より速く、より長距離を快適に走ることができる点にあります。

スポーツ自転車には実に多彩な種類があり、車種によってスピードや耐久性、乗り心地や体への負担も異なってきます。レース向けや街乗りに適しているものなど、用途や得意なシチュエーションもさまざまです。

代表的なスポーツ自転車には、長距離を速く走れる「ロードバイク」、舗装路向けのタイヤを装着し汎用性が高い「クロスバイク」、野山を走れる「マウンテンバイク」、コンパクトで小回りの利く「ミニベロ(小径自転車)」や「折りたたみ自転車」、舗装路から砂利道などの未舗装路まで走れる「グラベルロードバイク」などがあります。まずはそれぞれの特長や個性を知ることが、自転車選びの第一歩です。自分がどんな場面でどのように乗りたいのかイメージを膨らませて、自分にぴったりの1台を見つけましょう。

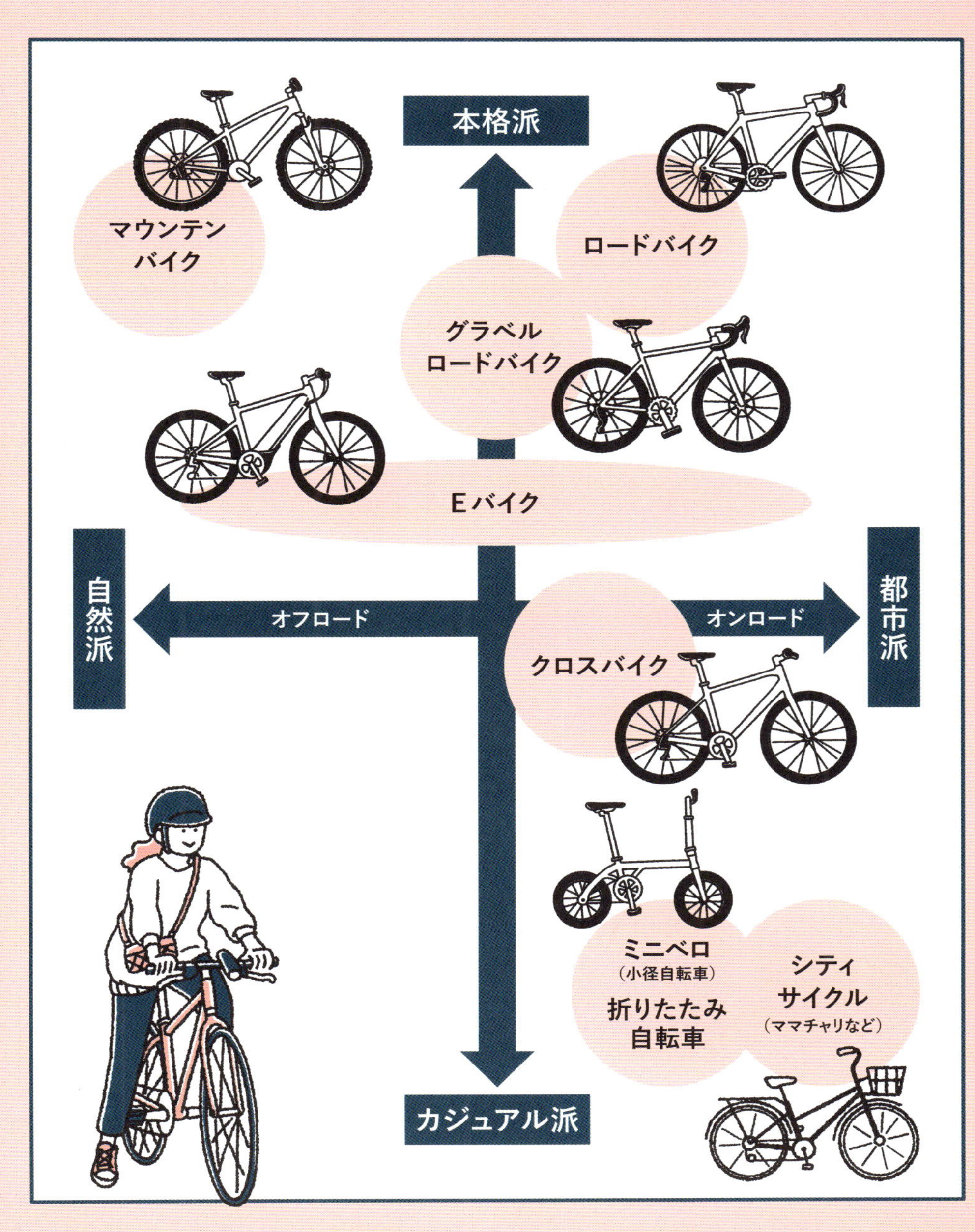
本格派
マウンテン
バイク
ロードバイク
グラベル
ロードバイク
Eバイク
自然派
オフロード
オンロード
都市派
クロスバイク
ミニベロ
（小径自転車）
折りたたみ
自転車
シティ
サイクル
（ママチャリなど）
カジュアル派

# スポーツ自転車の構造

多様な種類のあるスポーツ自転車ですが、基本的な構造はどれも変わりません。最も重要なパーツは車体の骨格であるフレームです。スポーツ自転車は、三角形を2つ組み合わせた形のフレームに、ハンドルや車輪がついたシンプルなつくりです。スポーツ自転車の個性はこのフレームによって決まり、ロードバイクは軽さを重視、マウンテンバイクは頑丈さを優先しています。

さまざまなスピードに切り替えられる変速機が付いているのも特長の1つです。操作レバーはハンドルに装着され、走行しながら変速することができます。また、シティサイクルと比べてサドルが高くハンドルが低いのは、前傾姿勢で走るスポーツ自転車ならでは。どれだけ前傾するかは車種によって異なり、乗りやすさに合わせて調整もできます。シンプルな構造ですが繊細な部分があるだけに、少しの違いで乗り心地も大きく変わってきます。

**A ハンドル**

ロードバイクとグラベルロードバイクは、下向きに曲線を描く「ドロップハンドル」が主流ですが、その他の車種は「フラットハンドル」がメインです。

**B ブレーキレバー**

ハンドル部分に装着され、手で握ることで自転車の動きを止めます。ロードバイクでは、変速の操作を兼ねていることが多いです。

**C ブレーキ**

軽い力で操作でき制動力の強いディスクブレーキが主流です。

**D クイックリリース**

工具を使わずに簡単にホイール（車輪）を着脱できるパーツです。

**E フロントフォーク**

前輪を固定し支えるフレームのパーツ。進行方向を自在に操る機能も持ちます。

## スポーツ自転車の各部位の名前

**H フレーム**
自転車の個性を決めるメインのパーツ。三角形を2つ組み合わせた形です。

**G シートポスト**
サドルとフレームをつなげるパーツ。サドルの高さを調整します。

**F ステム**
ハンドルとフレームをつなげるパーツ。ハンドルの高さを調整します。

**I サドル**
体重を支えるパーツで、シティサイクルと比べて硬めでシャープな形状が特長です。

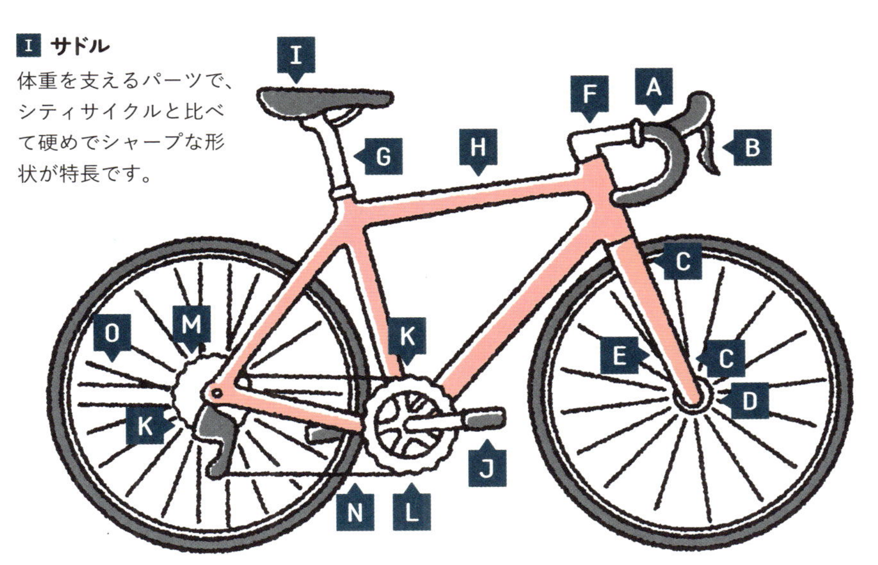


**N チェーン**
ペダルを漕いだときに前ギアの力を後ギアに伝え自転車を推進させます。

**L 前ギア**
ペダルを漕いだとき、車輪に回転を伝えます。

**J ペダル**
「フラットペダル」と、ペダルから足が離れないように固定できる「ビンディングペダル」があり、脚力を自転車に伝えます。

**O ホイール**
車輪のこと。大きいほど安定性、走破性が高くなります。

**M 後ギア**
前ギアの回転を車輪に伝えます。

**K 変速機**
前と後ろについている大小のギア（歯車）を変えて、脚の回転に対する車輪の回転速度を変化させます。

# スポーツ自転車を選ぶポイント

スポーツ自転車を選ぶ際に重要なのが、自分の体格に合ったサイズで、無理なく走行姿勢をとれることです。シティサイクルは、誰でも気軽に乗れるフリーサイズが多いですが、スポーツ自転車は走行時の体への負担を軽減するため、サイズを細かく展開しています。基本的に、フレームサイズによって適応身長が異なるため、WEBサイトなどで確認しましょう。また、目的や用途に合わせてフレームの素材やギアの段数、ブレーキの種類、タイヤの太さが異なり、これらのスペックの違いによって値段や性能に差が出ます。さらにスポーツ自転車には、標準装備されていない部品がいくつもあり、必要なものを追加すると、自分に合った1台をつくれます。

POINT 1

### ブレーキの種類 A

ホイール（車輪）の外周部のリムをゴム部品で挟むリムブレーキと、車軸に固定された金属製の円盤をパッドで挟むディスクブレーキの2つが主流です。ディスクブレーキのほうがやや高価ですが、軽い操作で制動力を発揮し、雨天時走行でも性能が左右されにくいのが特長です。

POINT 2

### フレームの素材 B

初心者向けモデルの多くはアルミかスチール製のクロモリ*で、その他プロ向けや高級モデルにはカーボンやチタンも使われています。軽量なアルミフレームは、ペダルを漕いだ際の反応性がよい反面、硬めの乗り心地。クロモリは重いですが、丈夫で振動や衝撃の吸収性が高いのが魅力です。 *鉄が主な原料となる炭素鋼にクロムとモリブデンを配合した合金

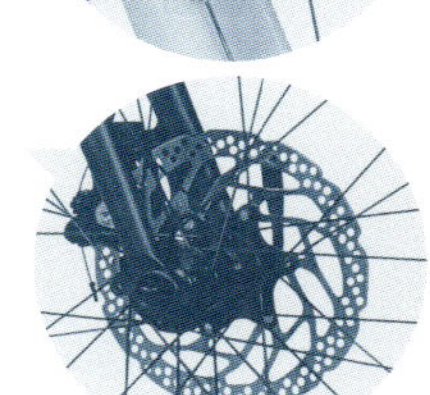

POINT 3

### ダボ穴の有無 C

スポーツ自転車の多くは、キャリア（荷台）が標準装備されていません。通勤などの実用目的で使用する場合は、キャリアを取り付けるためのダボ穴（ねじ穴）があると便利です。

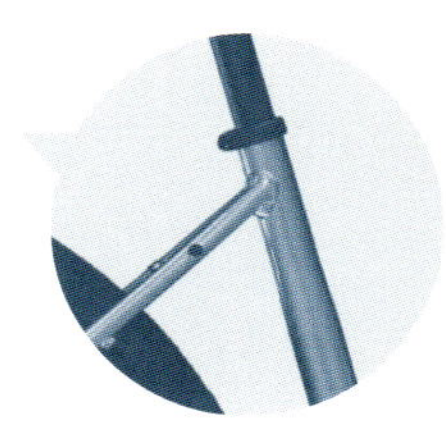

POINT 4

### タイヤの太さ D

タイヤの太さは走行性能や乗り心地を決める重要なパーツです。太いと安定性や乗り心地はよいですが、スピードは出しづらくなります。細いと路面抵抗が少ない分、加速しやすくなりますが、空気圧が低いと路面の振動を受けやすいため、空気圧を適正にすることが大切です。

POINT 5

### ギアの段数 E

ギアは、上り坂や向かい風などさまざまな走行抵抗の中で、快適に走るための装備です。ギアの段数が多いほど幅広いシチュエーションに対応できますが、平坦な街中で走行するのであれば、8段変速で十分です。

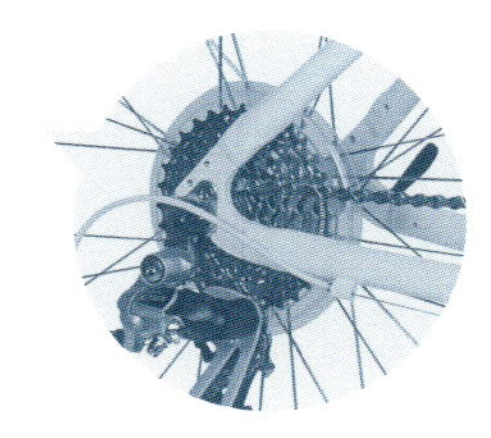

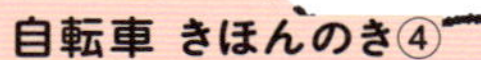



# 自分に合う自転車は？

スポーツ自転車の基礎知識が頭に入ったら、欲しい車種を決めましょう。自分がどんなふうに自転車を使いたいかや、予算がいくらかによって、選ぶ車種は自ずと絞られてきます。本格的に乗りたい人は、走る場所が舗装路メインならロードバイク、未舗装路ならマウンテンバイクが最適。もっと気軽に普段使いしたい場合は、クロスバイクや小径自転車がおすすめです。あまり高価なものを買うと盗難のリスクも高まるため、どの車種でも入門～中級モデルでは10～20万円ほどの価格帯を目安に考えるとよいでしょう。

## 長距離を速く走れる

# ロードバイク

ロードバイクは、走りに特化した本格サイクリング向けの車種です。もともとはレース用につくられた自転車のため、前傾姿勢を取りやすいドロップハンドルや、細めのタイヤ、軽い車体など、長距離を速く快適に走るための構造が特長です。価格は数万円～100万円以上と幅広いですが、初めての人なら10～20万円のものがよいでしょう。タイヤ幅が細い25㎜前後のものは競技向けモデルで難易度が高いため、30㎜前後のものがおすすめです。

**こんな人におすすめ**

- 舗装路で本格的なサイクリングを楽しみたい
- スピードを出して爽快感を得たい
- 上り坂を速く走りたい

参照 p.22、p.28、p.36、p.42、p.48、p.62、p.78、p.92

街乗りで気軽に使える

# クロスバイク

通勤・通学の普段使いから軽いサイクリングまで幅広く使えるスポーツ自転車です。上体を起こした楽な姿勢で走れるフラットハンドルや太めのタイヤで、安定した乗り心地が特長です。価格も5〜10万円が多く、手頃に購入しやすい車種といえます。ライトや自転車スタンドが標準装備されているモデルもあり、街乗りに最適。あくまで街乗りを意識した車種のため、100㎞を超える距離を走るようなロングライドは若干不得意です。

**こんな人におすすめ**

▼リラックスして安定した走りを楽しみたい
▼お手頃な価格のものが欲しい
▼通勤・通学や買い物など普段使いしたい

野山を走れる

# マウンテンバイク

その名の通り山道の斜面や悪路などのオフロードを走ることが得意な自転車です。頑丈なフレームと極太のでこぼこしたタイヤに、衝撃を吸収するサスペンションが付いています。ハンドルは車体を押さえつけて安定させやすいよう、横幅の長いフラットハンドルが特長。街乗りもしたい場合、600㎜を超えるハンドル幅だと普通自転車の扱いではなくなり歩道通行が不可のため、600㎜以下のもので、タイヤ幅も駐輪場のラックに停められるサイズのものを選びましょう。長距離走行には不向きです。

**こんな人におすすめ**

- ▼街乗り用とは別のアクティブな1台が欲しい
- ▼オフロードサイクリングで自然との一体感を味わいたい
- ▼でこぼこの激しい山道や荒れた道を走破したい

参照 p.28

走行する路面を選ばない

# グラベルロードバイク

グラベルとは「砂利道」のこと。ロードバイクでありながら、未舗装路も走ることができる万能さによって、近年人気を集めている車種です。タイヤは40㎜前後とロードバイクよりずっと太めで、表面に滑り止めのブロックが付いているのが特長です。タイヤが太くブロックが大きいほどオフロード志向が強く、その逆はオンロード寄りと言えます。キャリア（荷台）を付けられるダボ穴があいているモデルも多く、荷物を積めるため自転車旅やキャンプにも向いています。

**こんな人におすすめ**

- ▼未舗装路も街乗りも両方楽しみたい
- ▼ロングライドやツーリングをしたい
- ▼荷物を積んで、通勤・通学や自転車旅に使いたい

参照 p.60

## 小回りが利く

# ミニベロ

（小径自転車）

ミニベロとはフランス語で「小さい自転車」という意味。20インチ以下のタイヤ径で、オシャレでかわいい見た目が人気ですが、実用面でも優秀。車輪が小さく漕ぎ出しが軽いため、スムーズな停止・発進が可能です。小回りが利くので街中を走りやすく、通勤・通学や買い物からポタリングまで、幅広く楽しめます。スピードや悪路での走行性は他のスポーツ自転車よりも劣りますが、街乗りにはうってつけです。

**こんな人におすすめ**

▼コンパクトで扱いやすい自転車が欲しい
▼街中で普段使いしたい
▼近距離サイクリングを楽しみたい

参照 p.14、p.28、p.56、p.70、p.84

収納や持ち運びに便利

# 折りたたみ自転車

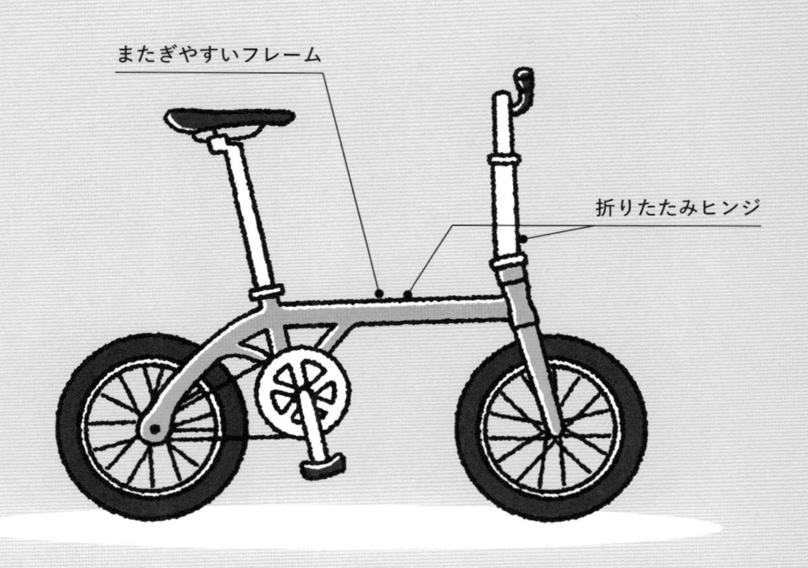


小径自転車の種類の1つです。多くがフレームの中央で折りたたむ構造をしているため、コンパクトに収納でき、狭いスペースでも保管できる点が最大の魅力です。電車やバスでの移動や、車に積んで旅先でサイクリングを楽しむのもよいでしょう。持ち運び重視なら10kg以下のモデルがおすすめですが、フレームの素材やタイヤ径によって重さが変わってきます。予算や乗り心地とのバランスを考慮して選ぶとよいでしょう。

**こんな人におすすめ**

- ▼コンパクトさや小回りのよさを重視している
- ▼旅先でサイクリングを楽しみたい
- ▼自転車を持ち運びたい

参照 p.14、p.56、p.70、p.84

## 注目の次世代型

# Eバイク

ダウンチューブ＊に搭載されたバッテリー
＊ダウンチューブ以外の場所に搭載されているモデルもあります。

Eバイクとはエレクトリックバイクの略で、電動アシスト付きのスポーツ自転車のこと。ロードバイクやマウンテンバイク、小径車などに、バッテリーを搭載した車種を指します。バッテリー容量が多く、100kmを超える走行が可能なモデルが多いのが特長です。ペダルを高速で回してもしっかりとアシストが利いてくれるよう制御されており、自然なペダルの踏み込みも可能。万が一バッテリーが切れても、変速機能を使えば通常のスポーツ自転車としても走行できます。

**こんな人におすすめ**

- ▼坂道を楽に上りたい
- ▼キャンプや旅の重い荷物を快適に運びたい
- ▼通勤・通学で使う際、負担を低減したい

参照 p.48、p.78

自転車 きほんのき⑤

# サイクルライフに必要な小物

スポーツ自転車を購入する際、安全や快適性のためにも一緒に揃えておきたいマストアイテムを紹介します。

**ヘルメット**

転倒や事故の際に頭部を守り、致命傷のリスクを大幅に軽減します。頭のサイズにフィットするものを選びましょう。

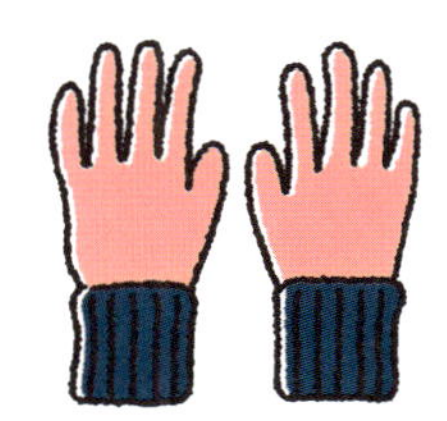

**グローブ**

滑り止めになり、また転んだ際に手を保護します。走行時の手への衝撃を吸収する役割もあります。

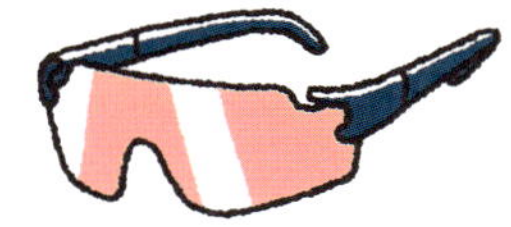

**アイウエア**

紫外線や風、塵などから目を保護します。一般的に自転車用のものは視界が広く、フィット感に優れるのが特長です。

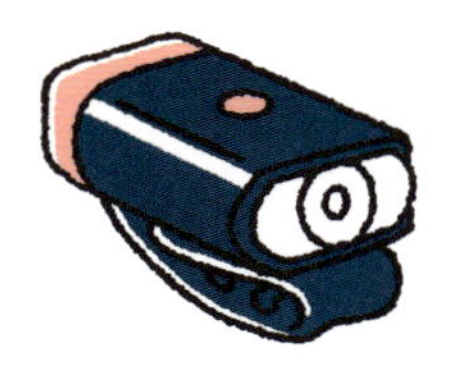

**ライト**

夜間走行の際はライトの点灯が義務付けられています。フロント用と、後方車両へ自分の存在をアピールするリア用（テールライト）の両方を装着して走りましょう。

**携帯用工具**

パーツ類には六角ボルトが使われていることが多いので、整備のためにアーレンキー（六角レンチ）は必須。コンパクトな携帯用マルチツールが便利です。

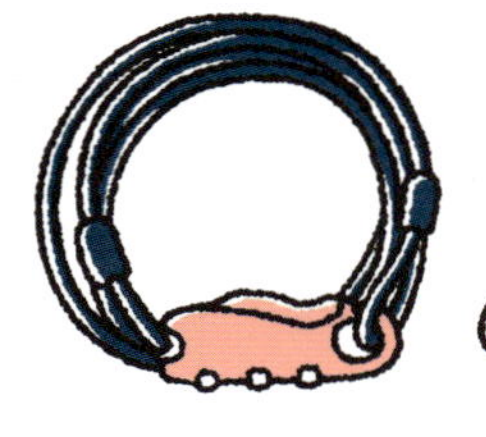

**カギ**

ワイヤー式のものは、いろんなものにつなぎとめることができて便利。より盗難リスクを回避したいなら、頑丈で破壊されにくいU字タイプがおすすめです。

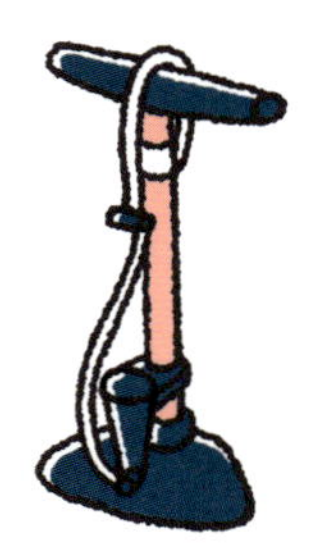

**空気入れ**

スポーツ自転車のタイヤのバルブ（空気を入れる金具）は、シティサイクルに多く使われている「英式」とは異なる「仏式」が多いため、対応した空気入れが必要です。空気圧計付きのものがベスト。

自転車 きほんのき⑥

# 目的・季節別のおすすめコーディネート

クロスバイクでのんびり川沿いを走る、ミニベロで散歩するように街中をポタリングする、ロードバイクでロングライドするなど、楽しみ方はさまざま。

ポタリングとは、「のんびり過ごす、ブラブラする」という英語の「Potter」から派生した和製英語で、省略して「ポタ」とも呼ばれています。

一方ロングライドは、通常100㎞以上を目指して走ること。長時間の走行は服装によって快適度が違ってくるため、事前に必要な装備を準備することが大切です。

サイクリングに最適な服装は、まず動きやすいこと。ポタリングの場合、日常着で大丈夫ですが、自転車で走る際のポイントがあります。ロングライドの場合は、吸汗性や速乾性など、機能性のあるウエアを上手に選ぶと快適に走ることができます。

そして何よりも大切なのが、自分の好きなウエアを選ぶこと。

次のページから、ポタリングとロングライドそれぞれの、春夏、秋冬のおすすめコーディネートを紹介します。

Spring & Summer
# 春夏のコーディネート

次第に日差しが強くなる春と夏は、暑さと日焼け対策が大切です。しっかりと対策することで、疲労も軽減できます。特に、夏場はできるだけ肌を露出しないようにしましょう。

**A ヘルメット**
スポーティーなものや普段着に合わせやすいバイザー（つば）付きのカジュアルなものまで、タイプはさまざま。ヘルメットの外側に帽子をかぶせた帽子タイプもあります。

**B アイウエア**
目のほこりや紫外線からのガードはもちろん、瞳の日焼け防止も大切。UVカット機能のあるものがおすすめです。普段使っているサングラスでもOKです。

**C グローブ**
フルフィンガー（指先まで覆っている）タイプや、指先ギリギリでカットしているタイプで日焼け対策を。ハンドルを握りやすく疲れにくい、自然な手の形を再現した立体構造タイプもおすすめです。

**D サコッシュ**
携行品を運ぶには、生地が薄く軽量で疲れないサコッシュが便利。動いても邪魔にならず、体に密着しているので中身が取り出しやすい優れものです。

**E ボトムス&シューズ**
ポタリングなら、日常使いのパンツとシューズで大丈夫。裾が広めのパンツのときは、ギアによる裾の汚れや巻き込み防止のため、裾バンドを使いましょう。

**A サイクルジャージ**

快適に走るために、吸汗性・速乾性に優れたサイクリング用ジャージがおすすめ。脇がメッシュ素材になっているものなど、さまざまなタイプがあります。
ポケット付きのタイプなら背面のポケットにお財布やスマートフォン、鍵や補給食などの荷物を入れておけるので、手ぶらでサイクリングも可能になります。

**B レーサーパンツ**

スポーツ自転車に慣れないうちは、サドルにどっかりと座ることが多く、長時間走るとまず痛くなるのがお尻です。股下部分にパッドが付いたパンツなら、お尻が痛くなるのを防いでくれます。

**C アームカバー**

日焼け対策にはもちろん、冷感タイプのアームカバーなら、汗をかくと同時に気化熱作用で涼しさを感じることができます。

**D サイクリングシューズ**

一般的なスニーカーと違い、靴底が硬くしっかり踏み込める、サイクリング専用シューズがおすすめ。ペダルを漕いだときの力が靴底のクッションに吸収されず直接届くので、漕ぎやすくなります。

Autumn & Winter
# 秋冬のコーディネート

秋冬はしっかりと寒さ対策を。寒い冬場でも、自転車で走っていると次第に汗ばんで暑くなってくるため、薄手のウエアを重ね着できる格好で、上手に寒暖差に対応しましょう。

折りたたみ
ウィンドブレーカー＆ダウン

**A アウター**
天候に合わせたいつものジャケットで大丈夫。朝夕と日中の寒暖差対策として、防寒用の折りたたみウィンドブレーカーやダウンを持参すると安心です。

**B ボトムス**
アウターと同様に、日常使いのパンツで大丈夫。楽に走れるストレッチ素材のパンツがおすすめです。裾が広めのパンツのときは、裾バンドを使うことで、ギアへの巻き込みを防止できます。

**A レインウエア**

突然の雨に備えて防水性と透湿性に優れたレインウエアを持参しましょう。走行姿勢でも動きやすい自転車用レインウエアや素早く着用できて蒸れにくいポンチョタイプがおすすめです。

**B サイクルジャケット**

自転車用のジャケットは、風が直接肌に当たるのを防ぐ防風性や、転倒の際などに衝撃を和らげる緩衝性、降雨に対応する防水性に優れています。重ね着の上着としても着用できます。

**C ネックウォーマー**

寒い時季の快適なライドに欠かせないのが、首の冷えをしっかりと保温するネックウォーマー。首元から鼻下までを覆うタイプの他に、首元から頭部まで覆うタイプもあります。

**D グローブ**

冷気を通さない防風性能に優れたもので、末端からの冷えを防ぎましょう。内側が保温性の高い裏起毛のタイプもおすすめです。

慣れるまでは
サドルをやや
低めにセット


自転車 きほんのき⑦

# ポジショニングで快適な走行を

走る前にまずやるべきなのが「ポジショニング」です。ポジショニングとは自分の体型に合わせてサドルの位置やハンドルの角度などを細かく調整することです。最も重要なのがサドルの高さ。シティサイクルは信号待ちなどで頻繁に止まることを前提にしているため、足が地面に着く位置までサドルを下げますが、スポーツ自転車で長距離を走る場合、サドルが低すぎると膝などの関節に負担をかけてしまうため、サドルを高めの位置に設定します。

スポーツ自転車が初めての人は、自転車にまたがり脚を伸ばしたときに、つま先が地面にギリギリ着く位置に設定し、慣れてきたら少しずつサドルを上げていくとよいでしょう。

自転車 きほんのき⑧

# 乗り方のポイント

スポーツ自転車は基本的にサドルが高いため腰をかけてからスタートするのではなく、ペダルをステップ代わりに、漕ぎ出しと同時に座る動作を行います。まずは両手でハンドルを握ってブレーキを利かせ、フレームにまたがります。次に、最初に踏むほうのペダルを水平よりも少し上の位置にして片足をかけます。ここからが走り出しのスタートで、ブレーキを離しながらペダルに体重をかけて腰を浮かし、サドルに腰かけましょう。すると自動的に自転車は走り出すので、あとは左右のペダルを軽快に漕ぐだけです。

ハンドルを握り、サドルには座らずに自転車をまたぎ、片足をペダルの上に置きます。信号待ちのときもこの姿勢です。

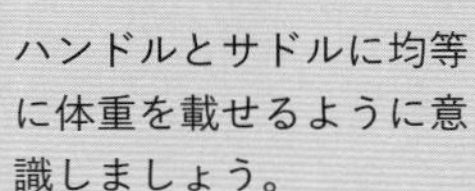

ハンドルとサドルに均等に体重を載せるように意識しましょう。

片足のペダルに体重をかけると同時にサドルに腰をかけます。もう片方の足もペダルを漕ぐと、自然と自転車は前進します。

## ハンドルとサドルの重心バランスを意識する

スポーツ自転車に慣れないうちは、ついつい力んでしまいがち。体が硬くなるとふらつきの原因にもなるため、リラックスしたフォームを心がけることが肝心です。肩や腕にはあまり力を入れず、ひじは軽く曲げてハンドルを持ちましょう。
また、重心が偏ってしまうと走行が不安定になるため、その配分もポイント。サドル（お尻）、ハンドル（手）、ペダル（足）の3か所で体重を支えていますが、ペダルは常に回転させているため、実質的にはハンドルとサドルの2か所のバランスが重要となります。サドルにどっかりと座ったり、ハンドルを握りしめすぎてハンドルに体重をかけ過ぎずに、両方に均等に体重を載せるよう意識するとよいでしょう。

## 前後のブレーキは同時に同じ割合でかける

前輪と後輪に付いているブレーキは、一般的に右ブレーキレバーが前ブレーキに対応し、左ブレーキレバーが後ろブレーキに対応しています。前後のブレーキを同時にかけて、スピードを調節しながら走りましょう。前ブレーキを強めにかけると、前転の恐れがあるので注意が必要です。
スポーツ自転車に慣れてきたら、急ブレーキをかけるときは、サドルから腰を上げて後方に重心を移動させてください。サドルに座ったまま急ブレーキをかけると、前輪に重心が傾き過ぎて転倒するおそれがあるので注意が必要です。

## 変速ギアで楽に走ろう

変速ギアを地形の変化や速度に応じて使うことで、脚への負担をコントロールできます。走行時のペダルの回転数を一定に保つと、筋肉が疲れにくく楽に走れるので、ぜひ使いこなしたい機能です。
基本的にギアは、前に1〜3枚、後ろに8〜11枚搭載されているものが主流。前側はギアが大きいほどペダルが重くなり、速度が上がります。後ろ側はギアが小さいほど重く、速くなります。この前後のギアの組み合わせによって、細かなギアチェンジをしていきます。

### 漕ぎ出すとき

信号待ち後の発進時などは、軽いギアで漕ぎ出すとスムーズに走れます。赤信号で止まる前にあらかじめギアを軽くしておくようにしましょう。

ギアを軽くしてから止まる
停止状態からスムーズに発進できる

## 上り坂など負荷が上がるとき

上り坂では負荷がかかりペダルが重く感じるため、坂道を確認したら前ギアを小さく、後ギアを大きく変速して、早めにギアを軽くしましょう。前ギアを落とすと一気に軽くなるのでおすすめです。

## 下り坂など負荷が下がるとき

下り坂や追い風などでスピードに乗ってきたら、ペダルが軽すぎると、漕いでもなかなか進みません。前ギアを大きく、後ギアを小さく変速してちょうどよいと感じる重さまでギアを重くしましょう。

# 保管とメンテナンス

シティサイクルに比べて、スポーツ自転車はギアなどのメカニズム部分が露出しているため、とてもデリケートです。雨や空気中の水分、ほこり、紫外線などにさらされ続けると性能劣化を招くおそれがあり、屋内保管が基本です。軽量で高価な自転車が多いため、盗難防止の面でも安心です。

また、スポーツ自転車には定期的なメンテナンスが欠かせません。日常的に自分でも、空気圧やブレーキのチェック、各パーツのゆるみのチェックなどを行う必要があります。こうした日々のメンテナンスに加えて、1年に1回はショップでプロにメンテナンスをしてもらうようにしましょう。

## メンテナンスの基本は拭き掃除

拭き掃除は、愛車をきれいにするだけではなく、異常がないかのチェックも兼ねて行います。水で濡らし固く絞った布で、車体やタイヤの汚れを落としていきます。ウエスと呼ばれる清掃用の布もありますが、不要になったTシャツなどでもOKです。ポイントは、チェーンやギア周りなどの油汚れ用と、そうでない場所を拭く布を分けること。また、タイヤを拭く際は、異物などが刺さっていないかもチェック。最後に車体を逆さまにしてサドルと左右のハンドルの3点で自立させ、裏側も拭いたら完了です。

## 乗車の度に
## 空気を入れよう

シティサイクルと比べてスポーツ自転車はタイヤの空気が抜けやすいため、空気圧が足りていないとパンクの原因になります。乗るたびに指でタイヤを押してチェックし、乗車のたびに空気を入れるようにしましょう。ただ、空気の入れ過ぎも、乗り味が硬くなったり滑りやすくなってしまうためNG。タイヤの側面には適正な空気圧と上限値が書かれている場合が多いので、数字を確認して、適切な量を入れるようにしましょう。

## 月に1～2回は
## チェーンのメンテナンスを

チェーンにオイルが足りていない状態では走りが重くなるうえ、チェーン全体に負担がかかり伸びて寿命も短くなります。少なくとも月に1～2回の注油が必要です。チェーンの汚れを布で軽く拭き取ってから1コマずつオイルをさし、浸透したら余分なオイルを拭きとりましょう。注油ほど頻繁でなくてもよいので、月に1回はチェーンの清掃もぜひ行ってください。専用のクリーナーを吹きかけて古い歯ブラシで汚れをかきだし、拭き取ります。チェーンが完全に乾いたら、注油を行いましょう。スプレー式で注油した場合は、タイヤやブレーキの制動面に付着した油は必ず拭き取っておきましょう。

**チェーンの「コマ」とは？**
チェーンのパーツの単位。外側と内側で1組のセットになっています。

## パーツのゆるみと異音を見逃さずに！

時速30km以上のスピードも容易に出せるスポーツ自転車は、少しの不具合で重大な事故につながる可能性があります。走行中の異音は、ボルトがゆるんでいたり、フレームに大きなダメージを受けていることが考えられますので、その場合はすぐに専門店で見てもらいましょう。そして、走行前には必ず異変がないか点検することが大切です。ゆるんでいるパーツがあれば、六角レンチを使って締めてください。ただ、スポーツ自転車のボルト類は、メーカーごとに適正トルク（締め付ける力）が指定されており、過剰な締め付けはパーツを破壊するおそれも。自信がないときは、専門店にお願いしましょう。

### A ブレーキ

前後のブレーキレバーを握り、車体を前後に動かしてタイヤがしっかり止まるかどうか確認しましょう。リムブレーキの場合はシュー（車輪を挟むゴム製のパーツ）、ディスクブレーキでは円盤状のローターとそれを挟むパッド（摩擦材）が劣化していないか、異物が挟まっていないかなどをチェック。違和感があれば専門店で点検を。

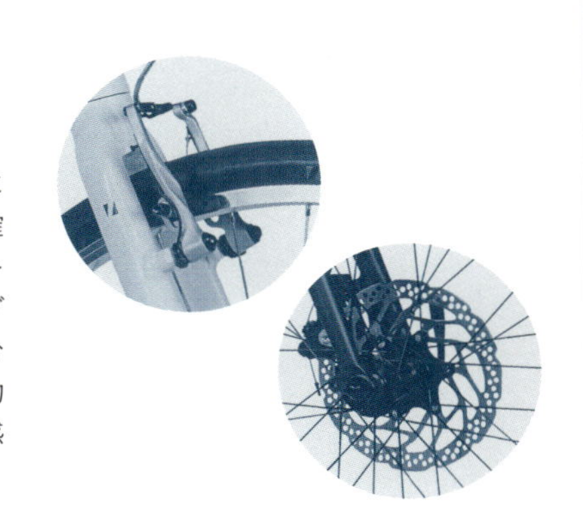

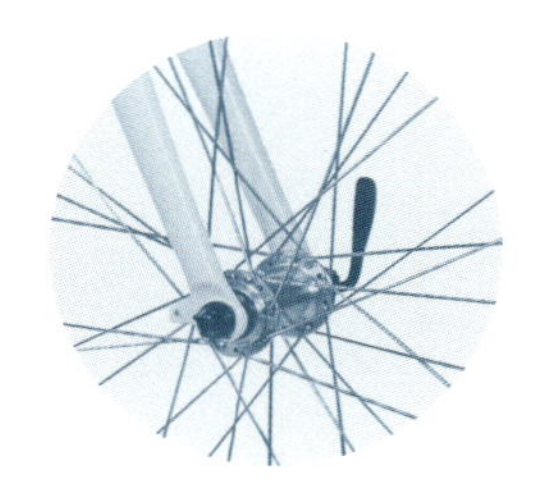

**B クイックリリース**

前輪と後輪を固定しているパーツで、レバーで車輪を着脱できます。ゆるんでいると車輪が外れるおそれもあるので、走行前に確認を。

**E タイヤ**

空気が適正に入っているかチェック。また、摩耗して台形に近い形になっていたり、経年劣化によりひび割れが見られたら交換時期です。

**D シートポストのボルト**

パーツの中でもゆるみやすい部分。フレームを押さえてサドルを上下左右にゆすり、ガタつきがないかチェック。

**C ステムのボルト**

前輪を両脚で挟んでハンドルを左右に振って、動いてしまうようならボルトを締め直しましょう。

# 改めて知っておきたい、歩道と車道のルール

道路交通法上、自転車は「軽車両」に位置付けられているため、車道の左側通行が原則となります。前を行く自転車があれば十分な車間距離を取り、信号と一時停止を順守して走行しましょう。

車道の幅が狭く通行が危険な場合や「自転車通行可」の標識がある場合などは、歩道の通行が認められています。ただし歩道はあくまでも歩行者が優先ですので、周囲の安全に注意しながら車道寄りを徐行しましょう。

## 路側帯を走る場合

歩道のない道路では、白線などで車道と区切られた「路側帯」を設けている場合があります。自転車は車道通行が基本ですが、車の進行方向の左側の路側帯のみ通行できます。反対側の路側帯を通行するのは違法であり、対向車と衝突する危険もあるので厳禁です。なお、2本の白線で区画された路側帯は歩行者用で、自転車は通行できませんので、注意しましょう。

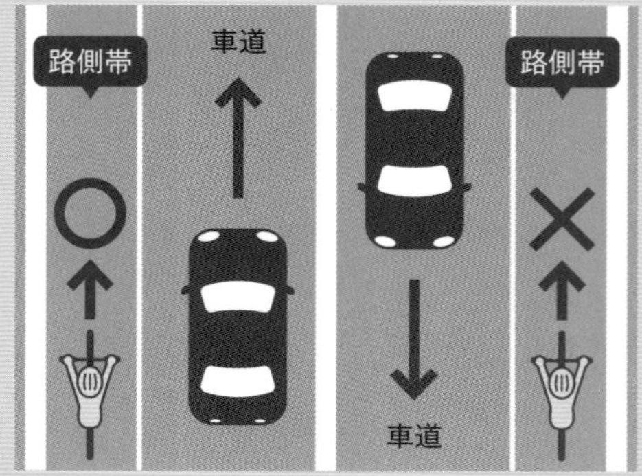

路側帯
車道
車道
路側帯

## 二段階右折の方法

自転車で交差点を右折する際は、「二段階右折」が法律で定められています。やり方は、❶道路の左側端に沿って車用の信号に従い直進、❷交差点の角で自転車の方向を右に変える、❸信号に従い道路の左側端に沿って直進、という手順です。車線が複数あるような大きな交差点では、自転車を降りて手で押しながら、歩行者として横断歩道を渡ることも可能です。

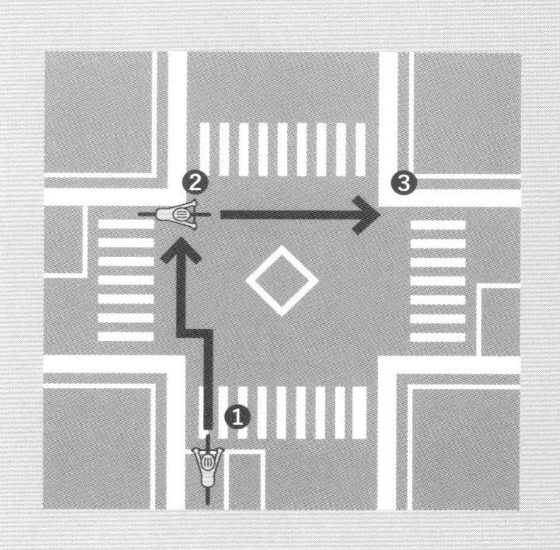

## 自転車通行可の歩道

「自転車通行可」の標識がある歩道では、自転車通行ができますが、徐行が義務付けられています。車道寄りを徐行し、歩行者の通行を妨げるような場合は一時停止しましょう。道を譲ってもらうために、歩行者に対してベルを鳴らすのはNGです。また、どちらの進行方向でも走行できるため、反対側から自転車がやってくる場合もあるので注意が必要です。

## 基本の『ハンドサイン』を覚えよう

ハンドサイン（手信号）とは、後続車などに「曲がる」「止まる」など自分の行動を事前に知らせるための合図です。車のウィンカーやブレーキランプのような役割をしており、安全のために必ず覚えておきましょう。道路交通法で定められているのは「右折」「左折」「停止」の3種類。次の行為が終了するまで合図を続けるのが基本です。その他、サイクリストたちの間でよく使われているハンドサインを紹介します。サインを出すときは一瞬片手運転となるため、バランスを崩さないように気をつけて行いましょう。危険を感じたときには、無理に合図を出さなくても問題はありません。

**左折**

右腕を水平に伸ばし、肘から先を上に垂直に向け、手のひらを左折する方向に向けます。サインは、曲がる地点の30 mほど手前から行いましょう。

**右折**

右腕を右側に水平に伸ばし、全ての指を水平にします。または、左腕を水平方向に伸ばし肘から先を垂直に上に向けます。

**停止**

右腕または左腕を斜め下に伸ばすことで、徐行や停止を意味します。手のひらを後ろに向けるサイクリストも多いです。

### 車線変更

路上の駐停車の車を避けるなど右に進路変更をするときは右手を、左なら左手を横に伸ばします。進路を変更する3秒前に行いましょう。

### 減速

手のひらを下に向けて上下に動かすことで、「減速します」「減速してください」の合図になります。

### お先にどうぞ

後続車に道を譲り追い抜いてもらうときは、右手を下げて手のひらを進行方向に向け、後ろから前に振って促します。

### 異物に注意

路上に障害物や穴などの異常があり注意を促したいときは、その対象を指さして伝えます。

## ヘルメットは深くきっちりと

自転車事故で致命傷となる約5割*は頭部のケガです。命を守るためにもヘルメットの着用は必須ですが、正しくかぶらないと効果も半減してしまいます。ヘルメットの前端が眉のすぐ上にくるまで深くかぶり、顎ひもは指1本が入るくらいまでしっかり締めましょう。

出典：警察庁「自転車乗用中死者の人身損傷主部位（致命傷の部位）（令和元年～5年合計）」

## 知っておきたい 自転車保険のこと

近年、自転車事故の加害者に高額な損害賠償が命じられる事例が増えたことなどから、各自治体で自転車保険の加入を義務化する動きが広がっています。自転車保険には、自分のケガに備える「傷害保険」と、加害者になった場合の「個人賠償責任保険」がセットになったものが一般的です。火災保険や自動車保険の特約でまかなえる場合もあるので、まずは自分が入っている保険内容の確認を。トラブル発生時に対応してくれるロードサービスがついた自転車保険も人気です。

## 必ず防犯登録をしましょう

防犯登録は自転車に対しての所有権を証明するもので、法律で義務付けられています。罰則規定はありませんが、盗難被害にあった場合の届出や譲渡する際に必要になるので、必ず登録しましょう。自転車販売店のほとんどが登録店の指定を受けており、購入の際に手続きをすると登録シールを貼ってくれます。シールがあることで、盗難対策にもなります。有効期限があり、各自治体により異なりますが10年前後が一般的です。期限が切れたら改めて手続きをしましょう。

# アプリでライドをもっと楽しく

サイクリングのお供にぜひ活用したいのが、自転車に特化したスマートフォンのアプリです。目的地までのルート検索や音声案内によるアシストをはじめ、走行距離や速度などを計測できたりと、便利なだけでなくモチベーションがアップする機能もいろいろ。ナビ・計測以外にも、駐輪場を探せる機能が付いたものもあり、おすすめです。路上駐輪は、盗難のリスクが高まるだけではなく駐車禁止の道路や歩道に放置すれば、道路交通法で放置駐車違反となります。スマホ検索はもちろん、目的地の商業施設などの駐輪場を事前に確認しておいたり、現地の交番に聞くなどしたりして、必ず駐輪場に停めましょう。

### 自転車NAVITIME

**音声ナビ&速度や距離も測定**

自転車のナビゲーション機能に重点が置かれ、音声案内や高低差グラフで走行をサポート。コンビニや駐輪場など約800万件のスポット情報の検索も便利。

### キョリ測

**自由なルートをすばやく作成**

地図上で出発点と到着点をタップするだけで、距離と所要時間を算出。消費カロリーも測定でき、サイクリングほか、ウォーキングやジョギングにも対応。

### TABIRIN

**旅×自転車がテーマ**

自治体が作成したコースマップや、サイクリストにやさしい宿、立ち寄り施設情報などを1つの地図で確認できる。仲間の位置情報がわかる機能も。

# 「輪行」の基本ルールとマナー

「輪行」とは、自転車を専用のバッグに入れて、鉄道やバスなどの公共交通機関で移動することです。輪行すれば、自走では行けない遠い旅先でもサイクリングが楽しめ、サイクルライフの自由度がグンとアップ。上級者向けと思われがちですが、交通量の激しい道路を避けて、安全なサイクリングロードや広い田舎道から走行をスタートすることができるので、実は初心者にこそおすすめです。

## 自転車を運べる「輪行バッグ」

自転車を公共交通機関に持ち込む際、分解もしくは折りたたんで専用の輪行バッグに収納するのがルールです。車体の一部がはみ出していたり、輪行用ではない袋に入れるのはNG。鉄道会社によって持ち込める大きさや重さの制限があり、例えばJR東日本ではバッグの3辺の合計が250cm以内、重さ30kg以内と定められています。事前に各公共交通機関のWEBサイトなどで確認しましょう。

出典：https://www.jreast.co.jp/ryokaku/02_hen/10_syo/01_setsu/index.html#308

輪行の大前提として必須の輪行バッグは、何よりも最強のトラブル対策アイテムでもあります。何か問題が起こり途中で自転車旅を断念することになっても、輪行バッグに入れて公共交通機関で帰宅できるという安心感につながります。

## 「輪行バッグ」の置き場所は？

新幹線や特急の場合、車両最後尾席の後ろのスペースが定位置です。最後尾座席の指定席を取るようにしましょう。普通列車では、先頭車両や最後尾がスペースが広いので、おすすめです。通路や乗務員室のドアを塞いだり乗り降りの邪魔にならないように配慮しましょう。また倒れて人に当たると危険なので、輪行バッグをベルトなどで手すりに固定して、目を離さないように注意しましょう。

## 事前の調査と余裕を持った行動を

コンパクトに収納しているとはいえ、輪行バッグは大きくてかさばります。行きかう人にぶつけるなど迷惑をかけないように、周囲に気を配って移動しましょう。駅や電車が混雑する時間帯の乗車はなるべく避け、余裕を持って行動するとよいでしょう。また、目的地の駅の出口と車両の位置関係やエレベーターの有無などを事前に把握し、最短距離で移動できるようにしておくとスムーズです。

## 自転車を連れて、出かけよう！②

# 遠出するときの修理必須アイテム

スポーツ自転車に乗るならば、普段から故障などのトラブルに対し、できる限り自分で解決できるようにしておきましょう。旅行先など遠方への輪行のときはなおさらです。そのためには備えが必要ですが、荷物を増やしてしまうと、移動や走行の負担になってしまいます。そこで、長距離ライドに最低限必要な修理アイテムを紹介します。携帯しやすいコンパクトで軽量なものを選んで、普段から使い慣れておくことが大切です。

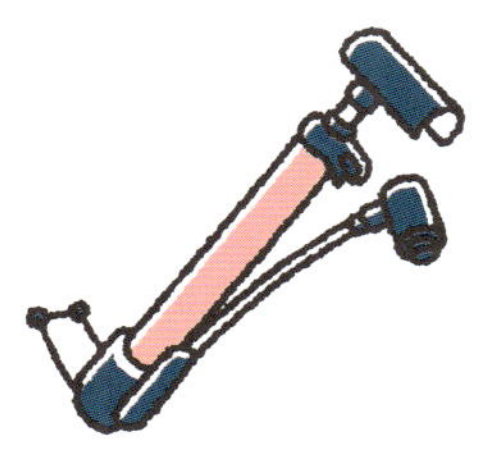

### 携帯用空気入れ

家で使うものとは別に、出先で使うための携帯用空気入れがあると重宝します。フレームに取り付けたりポケットに入るほど超小型のものもあります。

### 携行六角レンチセット

自転車を分解・組み立てる際、キャリアやパーツなどの着脱に不可欠。いろいろなサイズがセットになった携帯マルチツールが便利です。

### スペアチューブとタイヤレバー２～３本

スポーツ自転車はパンクのリスクが高いため、出先で修理できるようにしておく必要があります。最も簡単な方法は、穴のあいたチューブを新しいものに交換すること。スペアチューブ、タイヤを外すためのタイヤレバー２～３本、携帯用空気入れの３つを用意しておけばOKです。

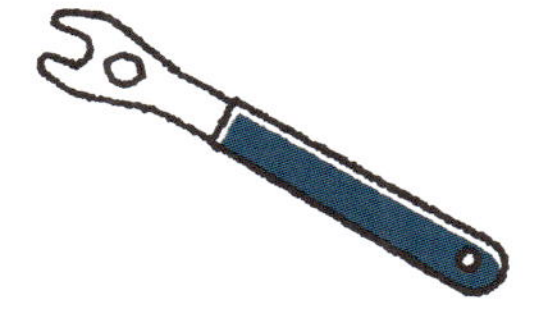

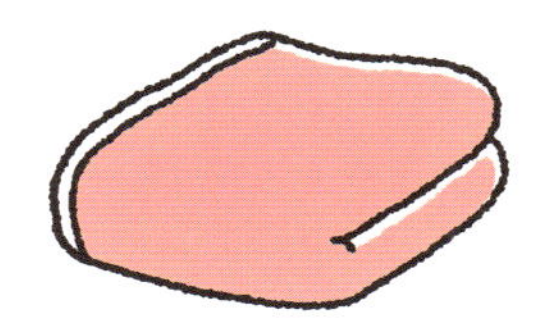

### ペダルレンチ

輪行バッグで自転車を持ち運ぶ際、よりコンパクトにするために、ペダルをはずすためのレンチを用意しましょう。

### タオル１～２枚

ハンドタオルやフェイスタオルは輪行バッグのベルトが肩に食い込んで痛いときに当てたり、自転車の汚れを拭いたりなど、何かと使えます。

手ぶらでもOK♪

# おすすめ サイクリングスポット

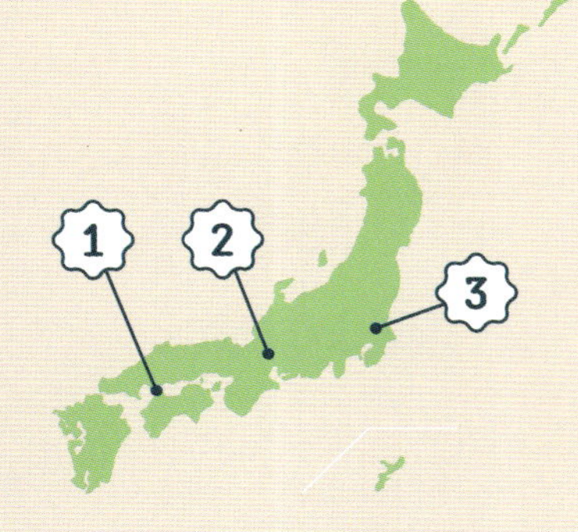


現地のレンタサイクルが充実したスポットなら、これからスポーツ自転車で走りたい人も気軽に楽しむことができます。
絶景を眺めながらサイクリングを満喫できる、サイクリストに人気のコースを紹介します。

## 1 爽快に海の道を走る しまなみ海道サイクリングロード

広島県尾道市と愛媛県今治市を結ぶ海峡を縦断する、人気のコース。心地よい海風を感じながら、瀬戸内海の島々と、それらを結ぶ橋の造形美が織りなす絶景を楽しみながら走ることができます。

## 2 琵琶湖をぐるりと1周 ビワイチ

日本最大の湖を1周できるコース。きらめく湖面を見つめながら走る爽快感は格別です。走り慣れた人なら1日で走れる距離ですが、数日かけて歴史遺跡巡りや食事を楽しみながら走るのもおすすめです。

## 3 自然と文化遺産を満喫 つくば霞ヶ浦りんりんロード

筑波山と霞ヶ浦の雄大な景色と、鹿島神宮などの歴史的・文化的資産を楽しめるコース。平坦で走りやすいので初めての人にもおすすめです。筑波山のヒルクライムなどさまざまなコースを選ぶことができます。

PART 3

# いま乗りたい 定番＆人気自転車71

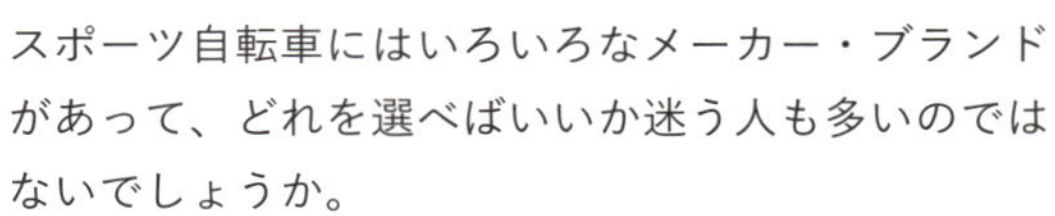

スポーツ自転車にはいろいろなメーカー・ブランドがあって、どれを選べばいいか迷う人も多いのではないでしょうか。
そこでPART3では、人気のスポーツ自転車メーカーの特徴や、初めての人におすすめのモデル、定番のロングセラーを集めました。世界各国、24のメーカー・ブランドから、71台の自転車を紹介します！
お気に入りの１台を見つけて、爽快な走りを楽しみましょう。

## カタログページの見方

❶価格：74,690円❷フレーム：アルミ❸変速ギア：16速（2×8）❹タイヤサイズ：700×35c❺重量：12.58kg（Mサイズ）●カラー：Metallic Gunmetal

❶希望小売価格の税込表記
❷フレームの素材名
❸変速ギアの段数（前ギア数×後ギア数）
❹単位の表記が「c」の場合：タイヤの直径（mm）×タイヤの幅（mm）
単位の表記が「インチ」の場合：タイヤの大きさ（インチ）×タイヤの幅（インチ）
＊1インチ＝2.54cm。
＊インチの数字が1つしか明記されていない場合は、タイヤの大きさを指します。
❺重量に（　）がある場合は、そのサイズの重さを指します。mmまたはcmは、フレームサイズのトップチューブの長さです。

＊掲載商品とその情報は、2024年7月時点のものです。商品の価格や仕様などは予告なく変更される場合があり、また新たなカラーの追加や終売になるカラーが出る、同じカラーや車体（モデル）でも、価格が変更になるなどの場合があります。商品自体が終売となる可能性もあります。
＊掲載画像は見本です。一部パーツや仕様が異なる場合があります。また、各ブランドによって付属内容が異なる場合があります。

# TREK
トレック

アメリカ

1976年にアメリカのウィスコンシン州で設立した、全米シェアNo.1を誇る総合自転車メーカー。卓越した技術力を持ち、変速系統以外のパーツを自社生産し、トータルで開発しています。世界的なレースで活躍するプロ仕様から初心者向けのエントリーモデルまで、幅広いラインアップが揃います。全ての自転車に生涯保証付き。

## FX 1 Disc Stagger Gen 3
エフエックスワン ディスク スタッガー ジェネレーション スリー

トップチューブが斜めに下がったステップスルーフレームで乗り降りしやすいクロスバイク。変速段数が多いため、どんな地形も快適に走ることができます。雨でも晴れでもしっかり止まれる最新のディスクブレーキを搭載。

価格：74,690円 ● フレーム：アルミ ● 変速ギア：16速（2×8）● タイヤサイズ：700×35c ● 重量：12.58kg（M）● カラー：Metallic Gunmetal

## FX 3 Gen 4

エフエックス スリージェネレーション フォー

2024年にフルモデルチェンジした万能なクロスバイク、FX。軽量アルミフレームと振動吸収性の高いカーボンフォーク、高性能のフロントシングル（1×）ギアを採用し、快適性を追求した1台です。

価格：125,000円 ● フレーム：アルミ ● 変速ギア：10速（1×10）● タイヤサイズ：700×35c ● 重量：11.50kg（M）● カラー：Hex Blue（写真）、Crimson、Era White、Galactic Grey

## Domane AL 2 Gen 4

ドマーネ エーエル ツー ジェネレーション フォー

未舗装路にも対応し、スピードの持続性に優れた設計のロードバイク。安定感のある末広がりのドロップハンドルや、前傾姿勢がきつくなりすぎないフレームなど、ビギナーにもなじみやすいつくりになっています。

価格：165,000円 ● フレーム：アルミ ● 変速ギア：16速（2×8）● タイヤサイズ：700×32c ● 重量：10.55kg（56cm）● カラー：Crimson to Dark Carmine Fade（写真）、Matte Lithium Grey、Plasma Grey Pearl

アメリカ

# cannondale

キャノンデール

1971年にアメリカのコネチカット州で創業。アルミフレームの優れた開発力と、リアサスペンションなどの斬新な機構を生み出し、自転車業界をリードし続けています。その技術力を生かして、多くの自転車競技をサポート。現在は、先進技術SmartSenseを搭載したロードバイク、グラベルロードの他、軽量小径Eバイクを発売して話題になっています。

## Synapse 3

シナプス スリー

cannondaleを代表するロードバイク・Synapseシリーズの中でも、快適性や汎用性に優れた軽量アルミニウムを採用したエントリーモデル。無理のない乗車ポジションや安定感のある操作性、高い振動吸収性で、滑らかな走りを実現します。

価格：160,000円 ● フレーム：アルミ ● 変速ギア：18速（2×9）● タイヤサイズ：700×30c ● 重量：非公開 ● カラー：ラグナイエロー（写真）、スモークブラック

## CAAD Optimo 3

キャード オプティモ スリー

レースでの優勝経験を持つ車種のフレーム設計を受け継ぎながら、乗りやすさにこだわり、価格を抑えた初心者にもおすすめの1台。フロントフォークには振動吸収に優れたカーボンを採用し、快適な走りをサポートします。

価格：165,000円 ● フレーム：アルミ ● 変速ギア：18速（2×9）● タイヤサイズ：700×25c ● 重量：非公開 ● カラー：ブラック（写真）、マンゴー、ハイライター

## Topstone 2

トップストーン ツー

シンプルなフレーム設計で、安定した乗り心地とメンテナンスのしやすさが魅力。フロントタイヤを前に出して安定性を高めたフロントフォークにより、コントロール性が高く、グラベルロード初心者でも扱いやすいモデルです。

価格：242,000円 ● フレーム：アルミ ● 変速ギア：20速（2×10）● タイヤサイズ：700×37c ● 重量：非公開 ● カラー：オリーブグリーン（写真）、ミッドナイトブルー

# GIANT

ジャイアント

台湾

1972年に台湾で設立した、世界最大規模の自転車メーカー。世界で唯一、カーボン原糸からカーボン自転車を自社製造するなど、高い生産技術を誇ります。「ライダーの可能性を最大限に引き出す」ことを使命に、各国に適したラインアップを展開。高級レーシングブランドの顔を持つ一方、コスパ抜群の自転車が世界中で愛されています。

## ESCAPE RX 3

エスケープ アールエックス スリー

＊2025年モデル先行販売中

ロングセラーの本格スポーツクロスバイク。ロードバイクと同様の軽量アルミフレームやコンポーネント*を搭載し、高い走行性能を実現しています。新たに採用したワイドなタイヤと人間工学に基づいた新型サドルで快適性もアップ。

価格：86,900円 ● フレーム：アルミ ● 変速ギア：16速（2×8）● タイヤサイズ：700×30c ● 重量：10.9kg（M）● カラー：パールホワイト（写真）、メタリックレッド、ブラック、コバルト

＊変速・ブレーキのパーツ一式のこと

クロスバイク

## GRAVIER DISC
グラビエ ディスク

＊2025年モデル先行販売中

未舗装路にも対応できる走行性と快適性が特長の新定番クロスバイク「GRAVIER」がフルモデルチェンジ。力強いシェイプの軽量フレームに一新し、実測約50mmのワイドなタイヤが、軽快さと安定した乗り心地を両立します。

価格：78,100円 ● フレーム：アルミ ● 変速ギア：24速（3×8）● タイヤサイズ：27.5×1.75インチ ● 重量：12.3kg（S）● カラー：マットチタニウム（写真）、サテンアンバーグロウ、サテンコールドアイアン

## CONTEND 1
コンテンド ワン

走行性と快適性のバランスが取れたオールラウンドロード「CONTEND」シリーズのエントリーモデル。振動吸収性に優れたシートポストやフルカーボンフォークを採用し、安定感のある走りをサポートします。

価格：154,000円 ● フレーム：アルミ ● 変速ギア：18速（2×9）● タイヤサイズ：700×28c ● 重量：9.6kg（M）● カラー：ローズウッド

台湾

リブ

台湾の人気スポーツ自転車メーカー「GIANT（ジャイアント）」グループが立ち上げた、世界初の女性専用サイクリングブランド。女性チームが製品企画やデザインを行い、独自のフレーム設計で女性の体型や姿勢に考慮したフィット感や性能を追求しています。車体デザインやカラーリングも豊富で、ギアやアパレルも揃っているので、トータルコーデを楽しめます。

## ESCAPE R3 W

エスケープ アールスリー ダブリュー

＊2025年モデル先行販売中

軽量なベストセラーモデルが、よりシンプルなデザインにフルモデルチェンジ。日本人女性に合わせて設計されたフレームと、少し太めのタイヤが快適性と安定性を高めています。身長140cmから乗れるXXSサイズもあります。

価格：69,300円 ● フレーム：アルミ ● 変速ギア：24速（3×8）● タイヤサイズ：700×32c ● 重量：11.0kg（XS）● カラー：ミント（写真）、スミレ、ホワイト

## ESCAPE R W DISC

エスケープ アール ダブリュー ディスク

＊2025年モデル先行販売中

シンプルなデザインに生まれ変わった、油圧式ディスクブレーキ採用のクロスバイク。タイヤ幅は少し太めで快適性の高い32cにアップデートしました。服装を選ばない、落ち着いたカラーリングの2色展開です。

価格：77,000円 ● フレーム：アルミ ● 変速ギア：24速（3×8） ● タイヤサイズ：700×32c ● 重量：11.9kg（XS） ● カラー：マットチャコール（写真）、スノードリフト

## AVAIL 2

女性専用設計の軽量アルミフレームを使用した、ロードバイクのエントリーモデル。性能のよさに定評のあるシマノ製のギアで、坂道も楽に走れます。上体を起こした姿勢で使える補助ブレーキレバーも装備されています。

価格：137,500円 ● フレーム：アルミ ● 変速ギア：16速（2×8） ● タイヤサイズ：700×28c ● 重量：9.8kg（XXS） ● カラー：マットサンドシェル

台湾

# MERIDA

メリダ

1972年台湾で創業、1988年に自社名を冠した自転車を初めて出荷し、今日では世界第2位の生産台数を誇るグローバルブランドとなりました。製造を台湾の本社工場、設計やデザインエンジニアリングをドイツで行い、高精度な製品を送り出しています。レーシングバイクから、ロードバイクなどのエントリーモデルまで多彩に揃えています。

## SCULTURA RIM 400

スクルトゥーラ リム 400

MERIDAのレーシングバイクづくりのノウハウが詰め込まれたトリプルバテッドアルミフレーム*や、シマノ製リア11速のコンポーネントを採用。軽量でハイパフォーマンスな1台で、軽快なサイクリングを楽しめます。

価格：209,000円 ● フレーム：アルミ ● 変速ギア：22速（2×11）● タイヤサイズ：700×25c ● 重量：8.8kg ● カラー：TEAL-BLUE（SILVER-BLUE）（写真）、SILK BLACK（DARK SILVER）

＊チューブの内側に3つの異なる厚みがある、軽量で高い強度を実現したフレームのこと

## CROSSWAY 110-R

クロスウェイ 110アール

小柄な方に合わせて、ハンドルやステムなどの各部に専用サイズを採用したコンパクト設計。小さい力で高い制動力を発揮するVブレーキや、サイドスタンドを標準装備するなど、日常使いしやすい1台です。

価格：66,000円 ● フレーム：アルミ ● 変速ギア：24速（3×8） ● タイヤサイズ：700×32c ● 重量：11.9kg（41cm） ● カラー：MINT GREEN（BLACK）（写真）、PEARL WHITE（L-BLUE）

## MATTS 6.5-V

マッツ 6.5ブイ

エントリーモデルながら、レーシングバイクの開発で培ったアルミの製造技術を駆使したロングセラー。ロックアウト機能のついたフロントサスペンション搭載で、オンロードもオフロードも思うままに走行できます。

価格：61,600円 ● フレーム：アルミ ● 変速ギア：21速（3×7） ● タイヤサイズ：26×2.1インチ ● 重量：13.5kg（41cm） ● カラー：MATT STEEL BLUE（ORANGE）（写真）、GLOSSY BLACK（WHITE）、RACE RED（WHITE）

# ANCHOR

アンカー

日本

ブリヂストンサイクルが手掛けるスポーツ自転車ブランド。トップアスリートも愛用する「レーシングライン」と、街乗りから通勤、ロングライドまで幅広いシーンで活躍する「アクティブライン」を展開しています。ブリヂストングループの解析技術による高い性能と、日本人向けのフレーム設定で、快適な走行が叶う車種を取り揃えています。

## RL1

アールエルワン

天候に左右されにくいディスクブレーキや、32mm幅の耐パンクガード入りタイヤを採用した、スポーツ自転車の入門にぴったりの1台です。ライトやワイヤー錠、スタンドは純正装備で、3年間盗難補償付き。

価格:69,000円（機械式）、74,000円（油圧式）● フレーム:アルミ ● 変速ギア:24速（3×8）● タイヤサイズ:700×32c ● 重量:機械式11.9kg、油圧式11.7kg（470mm、付属品は除く）● カラー:ミッドナイトブラック（写真）、オーシャンネイビー、ヘイズホワイト、ストリームターコイズ

## RL3 DROP

アールエルスリー ドロップ

ANCHORのロードバイクシリーズの中で最もお手頃な価格を実現したエントリーモデル。上位モデルと同じフルカーボンフォークやフレームを備え、ロングライドに適した快適性とスポーティな走りを楽しめます。

価格：112,000円 ● フレーム：アルミ ● 変速ギア：16速（2×8） ● タイヤサイズ：700×28c ● 重量：10.3kg（490mm、ペダル付き） ● カラー：ヘイズホワイト（写真）、オーシャンネイビー、ミッドナイトブラック、ストリームターコイズ

## RL6D SORA MODEL

アールエルシックスディー ソラ モデル

雨の日でも安心のディスクブレーキを搭載しながら、価格を抑えたロードバイク。ブレーキやクランクなどの主要な部品は信頼性の高いシマノ製を採用し、上位モデルに引けを取らない高品質な設計です。

価格：176,000円 ● フレーム：アルミ ● 変速ギア：18速（2×9） ● タイヤサイズ：700×32c ● 重量：10.3kg（480mm、ペダル付き） ● カラー：フォレストカーキ（写真）、オーシャンネイビー、キャニオンオレンジ

# BRIDGESTONE

ブリヂストン

日本

ブリヂストングループ最初の主要関係会社として、1949年に独立したブリヂストンサイクル。シティサイクルから電動アシスト付きまで、さまざまなジャンルの自転車を開発しています。スポーツ自転車は、手頃な価格のクロスバイクを中心に展開(ANCHORを除く)。日本人の体型に合ったサイズ展開と、高い安全性、耐久性を備えています。

## LB1

エルビーワン

5万円以下で手軽に始められる、高品質のシンプルなエントリーモデル。素早く鍵がかけられるサークル錠や、しっかり明るいLEDバッテリーランプ、雨の日も止まりやすいローラーブレーキなど、初心者でも使いやすい仕様です。

価格：42,000円 ● フレーム：アルミ ● 変速ギア：6速（1×6）● タイヤサイズ：27インチ ● 重量：14.4kg ● カラー：F.XOブルー（写真）、T.Xクロツヤケシ（ツヤ消しカラー）、E.Xホワイト、F.Xソリッドオレンジ

## BRIDGESTONE GREEN LABEL VEGAS

ブリヂストン グリーンレーベル ベガス

ひと漕ぎでよく進む走行性能の高さが魅力のミニベロ。安定感のある太めタイヤや、またぎやすいフレーム、楽な姿勢を保てるハンドルなど、快適に乗れる工夫が随所に。身長137cmから乗車可能なので、親子でシェアできる1台です。

価格：51,000円～ ● フレーム：鉄Wアンダーボーン ● 変速ギア：3速（1×3） ● タイヤサイズ：20インチ ● 重量：16.9kg（ダイナモランプモデル） ● カラー：E.Xアメリカンブルー（写真）、E.Xクリームアイボリー、T.Xクロツヤケシ（ツヤ消しカラー）、T.XHカーキ（ツヤ消しカラー）、E.Xモダンレッド、E.Xコバルトグリーン

## TB1e

ティービーワン イー

独自の電動アシスト技術DUAL DRIVEを搭載した、最新電動クロスバイク。走りながら自動充電ができ、最長200kmの走行が可能です。泥除けやスタンド、サークル錠なども標準装備され、日常使いにも最適です。

価格：174,000円 ● フレーム：アルミ ● 変速ギア：7速（1×7） ● タイヤサイズ：27インチ ● 重量：22.5kg ● カラー：T.Xマットグレー（ツヤ消しカラー）（写真）、T.Xクロツヤケシ（ツヤ消しカラー）、P.Xマジックブルー、T.Xランドベージュ（ツヤ消しカラー）

# KhodaaBloom

コーダーブルーム

日本

半世紀以上にわたりシティサイクルを製造してきたホダカが2007年に立ち上げたスポーツ自転車ブランド。欧米人向けにつくられるスポーツ自転車が多い中、日本の道路環境や使用シーン、日本人の体格に最適なサイズ展開やフレーム形状を追求しています。実用性に配慮し、ライトやスタンドが標準装備されたモデルが多いのもうれしいポイントです。

クロスバイク

## RAIL DISC

レイル ディスク

KhodaaBloomで販売台数No.1を誇る、人気の定番モデル。漕ぎだしの低速状態でもふらつかない車体設計と、スポーツ自転車らしい軽快な乗り心地を両立しています。軽い力でも制動力を発揮する油圧式ブレーキ搭載で、雨の日でも安心です。

価格：79,200円 ● フレーム：アルミ ● 変速ギア：16速（2×8）● タイヤサイズ：700×32c ● 重量：10.5kg（480mm、付属品除く）● カラー：マットソリッドグレー（写真）、マットダークブルー、マットダークグリーン、マットブラック

## KESIKI Touring

ケシキ ツーリング

多彩なポジションが取れる末広がりのドロップハンドルや、安定感のある幅広タイヤを採用し、初めてのグラベルロードにおすすめの1台。キャリアなどを取り付けられるダボ穴が各所に備わり、カスタマイズにも対応しています。

価格：99,000円 ● フレーム：アルミ ● 変速ギア：16速（2×8）● タイヤサイズ：27.5×1.75インチ ● 重量：12.0kg（500mm、付属品除く）● カラー：マットスカイブルー（写真）、ピスタチオグリーン

## FARNA 105

ファーナ 105

日本人の体型にフィットするフレーム設計と、操作性を追求したパーツで、初めてロードバイクに乗る人やマイペースにサイクリングを楽しみたい人に最適です。シリーズで唯一、身長150cm前後の小柄な人向けサイズもあります。

価格：179,300円 ● フレーム：アルミ ● 変速ギア：22速（2×11）● タイヤサイズ：700×25c ● 重量：8.8kg（500mm、付属品除く）● カラー：マットブラック（写真）、ホワイト

# PINARELLO

ピナレロ

イタリア

1952年、元プロレーサーのジョバンニ・ピナレロ氏が創設したイタリアの高級ブランド。機能美を体現した唯一無二のシルエットと、レースで活躍し続ける性能の高さが魅力です。その芸術的な美しさとカリスマ性に多くのファンが惚れ込み、リピート率が高いのも特長。スポーツ自転車に乗り慣れてきたら、次のステップとして目指したいブランドです。

## RAZHA 12S

ラザ 12S

波打つフォークや左右非対称のフレームなど、PINARELLOならではのアシンメトリックなデザインが目を引く、エントリーモデル。シマノの機械式変速を搭載していますが、電動式にも変えられるシステムを採用し、アップデートも可能です。

価格：429,000円 ● フレーム：TORAYCA™ T600カーボン ● 変速ギア：12速（1×12）● タイヤサイズ：700×28c ● 重量：非公開 ● カラー：SHINY BLACK（写真）、PLATINUM SILVER

## X1
エックスワン

振動を分散させ、リラックスした姿勢を取れる理想的なパーツ配置や形状を追求して開発。背中への負担がかかりにくく、長距離を快適に走ることができます。9サイズ展開で、自分の体型に合った1台が見つかります。

価格：532,400円 ● フレーム：TORAYCA™ T600カーボン ● 変速ギア：24速（2×12） ● タイヤサイズ：700×32c ● 重量：非公開 ● カラー：PEARL WHITE（写真）、SHINY BLACK

## GRANGER X
グレンジャー エックス

PINARELLOの既存のグラベルロードバイクはレース仕様ですが、舗装路での走行性を強化し多用途に使えるモデルとして23年から登場。飲料用ボトルの台座やキャリアを取り付けられるダボ穴が各所に備わり、キャンプや旅利用に人気です。

価格：544,500円 ● フレーム：TORAYCA™ T600カーボン ● 変速ギア：22速（2×11） ● タイヤサイズ：700×40c ● 重量：非公開 ● カラー：GREEN SAND（写真）、BOB、ORANGE

# GUSTO
グスト

台湾

台湾のカーボンメーカーが2011年に設立した、カーボン製ロードバイクのブランド。世界で最も軽いと言われる高性能ファイバーとカーボンを合わせる技術で実現した、軽量性と高い剛性が特長で、各国のプロチームにも提供しています。ハイスペックながらコストパフォーマンスのよさと美しい配色で、日本でもアマチュアからプロまで幅広く人気です。

## 2024 COBRA EVO DB ELITE
2024 コブラ エヴォ ディーピー エリート

東レのT1000カーボンとGUSTOの振動減衰技術I.L.Cで生み出された、高性能カーボンフレームを使用したモデル「COBRA EVO DISC」の中でも、30万円を切るハイコスパのELITE。坂道にも強い登坂性能を楽しめます。コンポーネントに「シマノ105機械式（ワイヤー式）」搭載。

価格：286,000円 ● フレーム：TORAYCA™ CARBON T1000/I.L.C ● 変速ギア：24速（2×12）● タイヤサイズ：700×25c ● 重量：8.6kg ● カラー：BLACK（写真）、WHITE

## 2024 COBRA EVO DB PRO TL (Team Limited)

2024 コブラ エヴォ ディービー プロ ティーエル

サイクリスト憧れのシマノ製電動コンポーネント「アルテグラDi2」を搭載した、プロチームも使用する上位モデル。ハンドルとホイールにカーボンを採用し、COBRA EVO DB ELITEよりも重量が約1kgも軽量です。

価格：572,000円 ● フレーム：TORAYCA™ CARBON T1000/I.L.C ● 変速ギア：24速（2×12）● タイヤサイズ：700×25c ● 重量：7.7kg ● カラー：TEAM GOLD

## 2024 DURO EVO DB SPORT

2024 デューロ エヴォ ディービー スポーツ

迫力のある左右非対称のフレームは、後ろ部分の断面を菱形にすることで、剛性と乗り心地を向上させています。シマノの電動コンポーネント「105 Di2」を装備し、路面状況の悪い場所でも快適なロングライドを楽しめます。

価格：399,000円 ● フレーム：TORAYCA™ CARBON T1000/I.L.C ● 変速ギア：24速（2×12）● タイヤサイズ：700×25c ● 重量：8.5kg ● カラー：WHITE/SILVER（写真）、BLACK/BLACK

# Bianchi

ビアンキ

イタリア

1885年にイタリア・ミラノで創業した、現存する世界最古の自転車ブランド。「チェレステ」と呼ばれる美しい青緑色のフレームカラーが、ブランドの象徴です。独自のテクノロジーを注ぎレースでも高い実績を誇るロードバイクから、街乗りやサイクリングに最適なクロスバイクまでラインアップの幅が広く、ビギナーからプロまで人気があります。

## C-SPORT2

シースポーツ ツー

ちょっとした段差も安心の太めのタイヤと、油圧式ディスクブレーキによる安定した制動力で、快適な走りをサポートします。最小の430mmサイズは、トップチューブが下がったステップスルーフレームで、乗り降りしやすいのが特長です。

価格：87,780円 ● フレーム：アルミ ● 変速ギア：24速（3×8）● タイヤサイズ：700×38c ● 重量：非公開 ● カラー：CK16/Dark Turquoise Full Glossy（写真）、White Sand/Metal Logo、Rocks Sand/Black Matt/ Glossy

## VIA NIRONE 7 DISC SORA

ヴィア ニローネ セブン ディスク ソラ

Bianchi創業の地である「ニローネ通り7番地」を名前に付けたエントリーモデル。振動吸収性に優れたカーボンのフロントフォークと、リラックスした姿勢で乗れる形状で、ドロップハンドルに慣れない人にもおすすめです。

価格：170,500円 ● フレーム：アルミ ● 変速ギア：18速（2×9）● タイヤサイズ：700×32c ● 重量：非公開 ● カラー：Serial Black/Titanium Silver Full Glossy（写真）、CK16/Titanium Silver Full Glossy

## MAGMA 7.2

マグマ 7.2

ハンドル操作のしやすさと悪路での走行性のよさを兼ね備えた、入門向けのマウンテンバイク。頑丈なアルミフレームと100mmストローク*のフロントサスペンション搭載で、街乗りからちょっとしたオフロードまで対応できます。

＊サスペンションの動く長さ。街乗りは60mm、山には100mmが目安

価格：79,200円 ● フレーム：アルミ ● 変速ギア：18速（2×9）● タイヤサイズ：27.5×2.2インチ ● 重量：非公開 ● カラー：Black/CK16-White Full Glossy（写真）、CK16/Black-White Full Glossy

# RITEWAY

ライトウェイ

日本

ライフスタイルを豊かにする日本のスポーツ自転車ブランド。シティサイクルでは物足りない、ハイエンド自転車ではハードルが高いといったライトユーザーに向けて、クロスバイクを中心に展開しています。お尻が痛くなりにくい柔らかいサドルなどやさしい設計や、さまざまなライフスタイルに合うシンプルなデザイン、豊富なカラーに定評があります。

## PASTURE

パスチャー

「牧草地」を意味するPASTUREは、広々とした草原をゆったりと走るシーンをイメージしてデザインしています。大きく手前に曲がったハンドルは操作しやすく、シティサイクル感覚で乗車できます。

価格：78,320円～ ● フレーム：アルミ ● 変速ギア：8速（1×8）● タイヤサイズ：26インチ ● 重量：10.6kg ● カラー：マットスチールブルーメタリック（写真）、グロスサクラレッド、グロスベージュ、グロスダークオリーブ、グロスネイビー

## SHEPHERD CITY

シェファード シティ

2003年のブランドスタート当初から、細かなアップデートを繰り返してきた完成度の高いモデルです。前傾姿勢が苦手な人も楽に乗れるハンドル位置や軽快な走行性能など、日常使いを快適にする工夫が随所に。

価格：75,900円～ ● フレーム：アルミ ● 変速ギア：24速（3×8） ● タイヤサイズ：700×35c ● 重量：10.9kg ● カラー：シャンパンゴールド（写真）、グロスサンドベージュ、グロスティールブルー、マットスチールブルーメタリック、グロスネイビー、グロスホワイト、グロスチタンシルバー、グロスダークオリーブ、グロスブラック

## GLACIER

グレイシア

安定感のある乗り心地と、小回りの利くコンパクトなデザインが魅力。BMX用のワイドタイヤとディスクブレーキを採用し、舗装路はもちろん荒れた砂利道にも対応できるオールラウンダーです。

価格：78,320円～ ● フレーム：アルミ ● 変速ギア：8速（1×8） ● タイヤサイズ：20インチ ● 重量：11.2kg ● カラー：マットサンドベージュ（写真）、マットスチールブルーメタリック、マットダークオリーブ、マットブラック、マットグレー、マットネイビー、マットディープブルー、マットシャンパンゴールド

# RALEIGH

ラレー

イギリス

1887年にイギリスで創業した伝統ある自転車ブランド。レース事業にも携わり、ツールドフランスをはじめ多くのレースで優勝しています。日本では、老舗自転車メーカーのARAYAが販売し、日本人の体型に合った設計の車種を揃えています。強度が高くしなやかなクロモリ製のフレームにこだわり、クラシカルで美しく乗りやすいモデルが豊富です。

## CLB-S

シーエルビー エス

イギリスのクラシックスタイルモデル「CLB」の女性向けとして誕生。パラレルスタッガードと呼ばれる2本のパイプが平行に下がった形が、スカートでも乗り降りしやすく、かわいさも演出しています。タイヤは太めで安定感もあります。

価格：83,600円 ● フレーム：クロモリ ● 変速ギア：8速（1×8）● タイヤサイズ：26×1.50インチ ● 重量：12.4kg ● カラー：ナチュラルカーキ（写真）、キャニオンレッド

## RFT
アールエフティー

シマノ製油圧式ディスクブレーキを使用した全天候型クロスバイク。クラシカルなデザインを踏襲しながら、妥協のないスペックはRALEIGHならではです。耐パンク性の高いクラシックカラーサイドタイヤなど実用性の高い1台。

価格：96,800円 ● フレーム：クロモリ ● 変速ギア：24速（3×8）● タイヤサイズ：700×28c ● 重量：12.9 kg（440mm）● カラー：キャニオンレッド（写真）、アガトブルー、クラブグリーン

## RSM
アールエスエム

乗りやすさを追求し、斜めに下がったまたぎやすいミキストフレームとクラシカルな様式美が特長のRSM。ビギナーに配慮したスペックで、スタンドや泥除けが標準装備されています。カラーバリエーションが豊富なので、お気に入りが見つかります。

価格：86,900円 ● フレーム：クロモリ ● 変速ギア：8速（1×8）● タイヤサイズ：20×1-3/8インチ ● 重量：11.7 kg ● カラー：ペイルターコイズ（写真）、アガトブルー、クラブグリーン、ナチュラルカーキ、アイスホワイト

# ARAYA

アラヤ

日本

日本で初めて自転車用リムを生産し、戦後間もない1946年から高い品質を誇るツバメ自転車を発売。スポーツ志向の自転車の開発にも着手し、長きにわたり日本の自転車産業をリードし続けています。クラシックとモダンをコンセプトに、ロードバイクからミニベロまで幅広い車種がお手頃価格で揃っています。

## MFX

エムエフエックス

軽量のアルミ合金を使用したコスパのよいスタンダードモデル。油圧式ディスクブレーキ搭載で、走行性能はもちろん停止性能も高いので、天候を選ばず安定した制動力を発揮し、通勤・通学からツーリングまで幅広く使えます。

価格：81,400円 ● フレーム：アルミ ● 変速ギア：24速（3×8）● タイヤサイズ：700×32c ● 重量：11.6 kg（420mm）● カラー：セピアグリーン（写真）、マットブラック、パールホワイト、マットカーキ

## MFC
エムエフシー

ツーリングにも対応する、街と共棲するミニベロ。細身のアルミフレームとフォークで軽量化を実現しました。駐輪しやすい安定感のある両立スタンドとフラットな泥除けが標準装備されているのもポイントです。

価格：86,900円 ● フレーム：アルミ ● 変速ギア：8速（1×8）● タイヤサイズ：20×1-3/8インチ ● 重量：10.9 kg ● カラー：アスファルトグレー（写真）、マットブラック、スモークブルー

## MFD
エムエフディー

1982年に日本初のマウンテンバイクとして登場した「MFシリーズ」の定番モデル。最近主流の27.5インチホイールと溝の浅めのタイヤで、舗装路でも走りやすいのが特長です。クッション性のよいサスペンションと、油圧式ディスクブレーキ搭載。

価格：80,300円 ● フレーム：アルミ ● 変速ギア：24速（3×8）● タイヤサイズ：27.5×1.95インチ ● 重量：13.8 kg ● カラー：ダートレッド（写真）、ダートブルー、マットサテン、マットブラック

# MIYATA

ミヤタ

日本

創業は1890年。日本初の安全型自転車*を製造した、日本最古の自転車ブランドです。日本のスポーツ自転車の黎明期だった1970年代から海外に進出。高度な技術の自転車でプロ選手の活躍を支え、世界で高い評価を得ています。スポーツモデルからシティサイクル、子ども用まで幅広く展開し、近年ではEバイクにも力を入れています。

*現在の自転車の原型

## PAVEA

パビア

細身のフォルムとカラフルな色展開が魅力のモデル。細めのタイヤと鉄のフレームの組み合わせで、安定感のある軽快な走りが楽しめます。レバー操作で前輪を外せるフロントクイックレリーズを採用し、輪行時や車載の際もスムーズです。

価格：48,400円 ● フレーム：スチール ● 変速ギア：7速（1×7）● タイヤサイズ：20×1.50インチ ● 重量：12.0kg ● カラー：ブルーグレー（写真）、マンゴー、アップルグリーン、ネオダークコスモレッド

## California Sky C

カリフォルニア スカイ シー

軽量アルミフレームと細めのタイヤを採用し、スポーティで快適な走行性能を目指したクロスバイク。シマノ製の21段変速ギアを搭載し、坂道も楽に走れます。身長150cm前後の小柄な人向けのサイズもあります。

価格：65,000円 ● フレーム：アルミ ● 変速ギア：21速（3×7）● タイヤサイズ：700×28c ● 重量：12.3 kg（38cm）● カラー：ネイビー（写真）、ブラックガンメタリック、ホワイト

## Freedom Plus

フリーダム プラス

操作性のよいロードバイク用のコンポーネントを装備した、クロモリフレームのグラベルロード。オフロードでも軽やかな乗り心地を体感できます。制動力の高いディスクブレーキを搭載し、雨の日でも安心です。

価格：90,000円 ● フレーム：クロモリ ● 変速ギア：9速（1×9）● タイヤサイズ：27.5×1.75インチ ● 重量：12.6kg（46cm）● カラー：カーキ（写真）、クリアブラック

スイス

日本

# BRUNO bike

ブルーノ バイク

自転車競技のスイス代表選手だったブルーノ氏と、日本の販売元との共同開発で生まれた小径車ブランド。ヨーロッパならではのおしゃれなデザインと、骨組みであるフレームやフォークにしっかり技術を費やした走りやすい設計が特長です。「小さな旅」の相棒をコンセプトに、街乗りから長距離ツーリングまでシーンに応じて選べます。

## MIXTE

ミキスト

抜群の安定性と小回りのよさ、リーズナブルな価格が魅力の定番モデル。よくしなる弓なりのシートステー（フレームの後ろ部分）が、ハンモックのようなやさしい乗り心地を生み出します。豊富なカスタムパーツで、よりおしゃれにアップグレードも可能です。

価格：59,950円 ● フレーム：クロモリ ● 変速ギア：7速（1×7）● タイヤサイズ：20×1.5インチ ● 重量：10.3kg ● カラー：シルバーエディション：メタリックグリーン（写真）、メタリックブルー、ゴールド、レッド、ブラックエディション：シルバー、サンド、マットブラック、グレー

## VENTURA

ヴェンチュラ

細身のダブルトップチューブが特長の、BRUNOのアイコン的モデルです。小径車でもフラつかないよう細かな寸法にこだわって設計され、ロングライドにも対応。耐久性をあげるメッキ処理も施された、長く愛用できる1台です。

価格：169,950円 ● フレーム：クロモリ ● 変速ギア：16速（2×8）● タイヤサイズ：20×1.25インチ ● 重量：10.2kg ● カラー：ブラック

## e-tool*

イーツール

軽量でコンパクト設計のミニベロEバイク。大容量バッテリー搭載で、最大航続距離は約115km。重い荷物もたっぷり運べる最大積載量30kgの後ろ荷台が標準装備され、チャイルドシートも安全に取り付け可能です。

価格：269,720円 ● フレーム：アルミ ● 変速ギア：8速（1×8）● タイヤサイズ：20×2.4インチ ● 重量：18.6kg ● カラー：フォレスト（写真）、ブラック、グレー、サンド

＊フェンダー（泥除け）はオプションです

フジ

アメリカ

日本で最初にスポーツ自転車を生んだ「日米富士自転車」が前身の、創業120年を越える老舗。1970年代に海外進出を果たし、世界的にも高い評価を得ています。レースで活躍するロードバイクから、お手頃価格のクロスバイクやミニベロまで幅広くラインアップ。クロモリフレームによるスタイリッシュなデザインや個性的なカラー展開が魅力です。

## BALLAD

バラッド

普段着にも合うヴィンテージデザインが女性にも人気の1台です。チューブの中央部を薄くした軽量加工のクロモリフレームで、スピード感を求める人にぴったり。シマノの8段変速機搭載で、坂道でも楽に走れます。

価格：89,100円 ● フレーム：クロモリ ● 変速ギア：8速（1×8）● タイヤサイズ：700×28c ● 重量：10.0kg ● カラー：Navy（写真）、Black、Lavender

## STROLL
ストロール

変速ギアがないシンプルなつくりのため、メンテナンスが楽で扱いやすいのが特長です。すっきりとしたスタイリッシュな見た目も魅力。近距離でのサイクリングをメインに楽しみたい人におすすめです。

価格：79,200円 ● フレーム：クロモリ ● 変速ギア：なし ● タイヤサイズ：700×28c ● 重量：9.7kg ● カラー：Oriental Mustard（写真）、Silver、Stone Gray

## HELION
ヘリオン

「走れるミニベロ」をコンセプトに、独自の設計によるスポーティな走行性と、レトロなかわいらしさを兼ね備えたモデル。44～55cmの幅広いフレームサイズ展開で、小柄な女性から背の高い男性まで対応しています。

価格：88,000円 ● フレーム：クロモリ ● 変速ギア：8速（1×8）● タイヤサイズ：20×1-1/8インチ ● 重量：10.0kg ● カラー：Forest Blue（写真）、Brick Red、Khaki

# GIOS

ジオス

イタリア

五輪にも出場した元自転車選手トルミーノ・ジオス氏が1948年に創設したイタリアのスポーツ自転車メーカー。「ジオスブルー」として知られる鮮やかなブルーカラーと、伝統に裏打ちされた高い精度が特色です。レーシングブランドのイメージが強いですが、日本ではクロスバイクやミニベロなど、街乗り向けのモデルも多く販売しています。

## FENICE

フェニーチェ

GIOSのロードバイクの中で最もお手頃価格のモデル。クロモリ素材特有のソフトな走行性と、クラシカルなルックスが人気です。フロントフォークも振動吸収に優れたクロモリ製で、細めのタイヤでも安定して走れます。

価格：135,300円 ● フレーム：クロモリ ● 変速ギア：16速（2×8）● タイヤサイズ：700×25c ● 重量：10.2Kg ● カラー：GIOS BLUE（写真）、DARK GREEN、BLACK

## MIGNON
ミグノン

扱いやすいフラットバーハンドルや細身のフレームを生かし、すっきりとしたフォルムが魅力です。20インチタイヤの中でもフレーム直径の大きい451規格を採用し、シティサイクルのような安定感のある乗り心地を楽しめます。

価格：82,500円 ● フレーム：スチール ● 変速ギア：8速（1×8）● タイヤサイズ：20×1-1/8インチ ● 重量：10.2Kg ● カラー：BLACK（写真）、GIOS BLUE、WHITE

## PULMINO
プルミーノ

トップチューブが斜めに下がったスタッガードフレームで、乗り降りしやすいミニベロ。カゴを取り付けられるフロントキャリアや泥除け、スタンドも標準装備された、実用性の高い1台です。

価格：69,300円 ● フレーム：スチール ● 変速ギア：7速（1×7）● タイヤサイズ：20×1-1/8インチ ● 重量：12.0Kg ● カラー：RED（写真）、P.BLUE、BLACK、WHITE、BROWN

# LOUIS GARNEAU

ルイガノ

カナダ

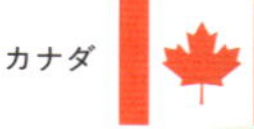

五輪出場経験を持つサイクリストであり、アート活動も行うルイ・ガノー氏が手掛けるブランド。「家族みんなに、ルイガノ」をコンセプトに、あらゆる世代が楽しめるタウンユースモデルが充実しています。高い走行性能とカラフルなデザインが魅力の自転車本体から、ライドに必要なアクセサリーまでトータルで展開しています。

## CITYROAM8.0

シティーローム8.0

トップチューブが曲線を描きながら下がるクラシカルなフレームで、スカートでの乗り降りもスムーズです。スタンドと泥除けが標準装備され、キャリアやバスケットなど多彩なオプションもあり、自分だけのカスタマイズを楽しめます。

価格：63,800円 ● フレーム：6061アルミ ● 変速ギア：7速（1×7）● タイヤサイズ：26×1.5インチ ● 重量：12.4kg（420mm）● カラー：CACTUS（写真）、MATTE LG WHITE、MATTE ICED COFFEE、MATTE LG NAVY

## SETTER8.0

セッター 8.0

全5色のカラーが魅力のカジュアルなクロスバイク。街乗りに適した形状やパーツを採用し、日常使いからライトなスポーツライドまでオールラウンドに活躍します。身長150cm前後の小柄な女性向けに、370mmサイズも。

価格：63,800円 ● フレーム：6061アルミ ● 変速ギア：24速（3×8） ● タイヤサイズ：700×32c ● 重量：12.1kg（420mm） ● カラー：LG BLACK（写真）、LG WHITE、LG NAVY、MATTE INDIGO、MATTE CACTUS

## EASEL7.0

イーゼル7.0

小さくてもしっかり走る、ブランドの代名詞的ミニベロ。狭い道でも小回りが利き、信号の多い街中での発進と停止の繰り返しもスムーズです。小さなタイヤでもふらつきにくいよう、前後のホイールの間隔を長めに設計しています。

価格：53,900円 ● フレーム：6061アルミ ● 変速ギア：7速（1×7） ● タイヤサイズ：20×1.5インチ ● 重量：12.6kg（410mm） ● カラー：DAISY（写真）、LG WHITE、LG NAVY

# Tern

ターン

台湾

「都市生活での快適かつ最適な移動手段」と「スポーツ・フィットネス」をMIXさせた、新たなライフスタイルを提案するグローバルなアーバンバイクブランドとして2011年に誕生。折りたたみ自転車から始まり、2015年にはセカンドラインROJI BIKESを開始。近年ではEバイクにも力を入れ、ライフスタイルのアップデートを提案し続けています。

## LINK A7

リンク エーセブン

エントリーモデルながら、スタイリッシュなフォルムとブラックパーツが高級感を演出。折りたたみの利便性と安定感のある乗り心地、スポーティな走行性のバランスがとれた1台です。泥除けが標準装備されているのもポイント。

価格：65,780円 ● フレーム：アルミ ● 変速ギア：7速（1×7）● タイヤサイズ：20×1.75インチ ● 重量：12.1kg ● カラー：Red/Silver（写真）、Gunmetal/Satin Gunmetal、Green/Satin Green、Satin Black/Black

## CREST
クレスト

トップチューブが水平になったシンプルで美しい「ホリゾンタルシルエット」で人気のモデル。旧モデルよりも前傾姿勢を軽減するなど、デイリーユース仕様にアップデートしています。

価格：66,000円 ● フレーム：アルミ ● 変速ギア：8速（1×8） ● タイヤサイズ：20×1-1/8インチ ● 重量：10kg ● カラー：Copper（SHIFTAオンラインストア限定カラー／写真）、Khaki、Matte Beige、Matte Black、Proto Gray、Matte Gunmetal、Matte Olive

## CLUTCH
クラッチ

日本人の体型に合わせた4サイズ展開（420/480/510/540mm）で、ジャストサイズを選ぶことができます。手のひらに広くフィットするグリップ形状のため、走行時の振動を軽減でき、快適な走行が可能です。

価格：68,200円 ● フレーム：アルミ ● 変速ギア：8速（1×8） ● タイヤサイズ：420-510mm：26×1.25インチ、540mm：700×32c ● 重量：10.3kg ● カラー：Dry Orange（写真）、Matte Olive、Matte Gray、Matte Beige、White、Matte Black、Space Gray（限定カラー）

アメリカ

# DAHON

ダホン

世界最大の折りたたみ自転車ブランド。オイルショックを機に、「自分にも地球にもやさしい移動手段」として開発が開始され、1982年にカリフォルニアに設立された、折りたたみ自転車のパイオニアです。2007年からは、日本人にフィットした製品を展開。スポーツ仕様や街乗り用など、使用用途や価格に合わせて、個性豊かなモデルを多数ラインアップしています。

## Boardwalk D7

ボードウォーク ディーセブン

鮮やかなカラーリングが細身のストレートフレームに映える、クラシカルなデザインが魅力のモデルです。前後に長めのつくりで走りの安定感がありながら、たたむととてもコンパクトに。泥除けが標準装備され、雨の日でも安心です。

価格：75,900円 ● フレーム：クロモリ ● 変速ギア：7速（1×7）● タイヤサイズ：20×1.50インチ ● 重量：12.5kg ● カラー：アンティークブラス（写真）、スモーキーピンク、ヴィンテージブラック、グラナイトグレー、ブリテッシュグリーン、チョコレート

## K3

ケースリー

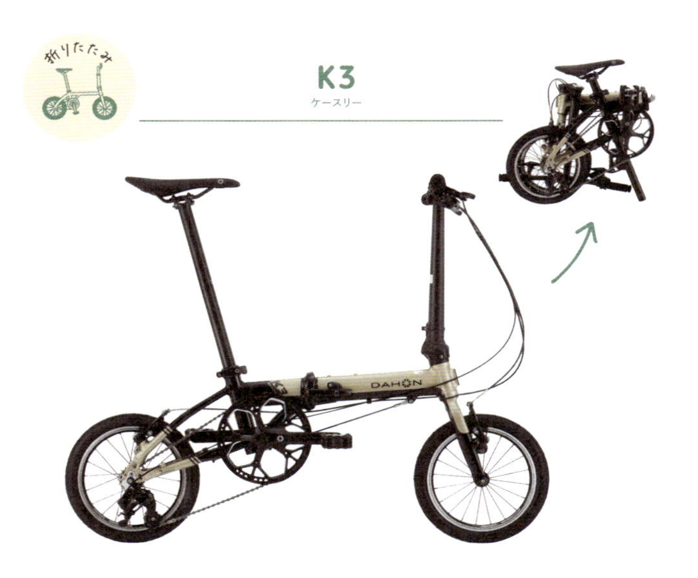

3段変速を装備しながらも本体重量7kg台の軽さを実現し、コンパクト折りたたみ自転車の代表格とも言われる大人気モデル。輪行に最適なうえ、ヘッド部分にはバスケットやラックが取り付けられる台座があり、日常使いにも便利です。

価格：105,600円 ● フレーム：アルミ ● 変速ギア：3速（1×3）● タイヤサイズ：14×1.35インチ ● 重量：7.8kg ● カラー：シャンパン×ブラック（写真）、エメラルド、スカーレット、ガンメタル×ブラック、レッド×マットブラック

## Calm

カーム

モデル名の通り、Calm（穏やか）な乗りやすさを重視したタウンユースモデル。前カゴやリアキャリア（後方の荷台）など、別売りのアクセサリーで便利にカスタマイズができます。身長に合わせて選べる2サイズを展開しています。

価格：64,900円 ● フレーム：クロモリ ● 変速ギア：7速（1×7）● タイヤサイズ：20×1.75インチ ● 重量：M（460mm）10.7kg、L（500mm）11.6kg ● カラー：ドライオレンジ（写真）、ギャラクシーストーン、スティールブルー

# BROMPTON

ブロンプトン

イギリス

イギリス・ロンドンの自社工場で、職人によって1台1台丁寧につくられる折りたたみ自転車のブランドです。1975年に創業者のアンドリュー・リッチー氏が考案した折りたたみ技術は50年にわたり継承され、洗練さと精巧さを加えて常にアップデート。素材の異なるC Line、P Line、T Lineの3つのラインを主軸に、コラボや特別モデルなども展開しています。

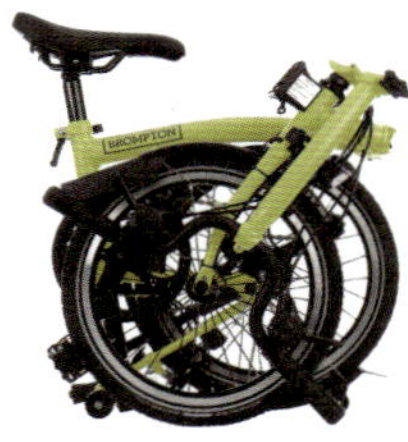

オールスチールフレームの最もスタンダードなモデルです。ギアは2速と6速の2種類、ハンドルは乗り心地を重視したミドルタイプと、アクティブな操作感のロータイプの2種があり、自分に合った組み合わせを選べます。

価格：260,150円～ ● フレーム：スチール ● 変速ギア：2速（1×2）または6速（3×2）● タイヤサイズ：16インチ ● 重量：11.26kg ～ ● カラー：Yuzu Lime（写真）、Dune Sand、Ocean Blue、Matcha Green、Matte Black、Flame Lacquer

## Brompton Archive Edition 2.0

ブロンプトン アーカイブ エディション2.0

過去の人気カラーを現代のスペックで復刻させたモデルで、日本ではHot Pinkが23年12月から100台限定で登場。アップダウンの多い街中から、遠方へのサイクリングまで、多彩なシーンに対応する6段変速ギアを搭載しています。

価格：306,900円 ● フレーム：スチール ● 変速ギア：6速（3×2）● タイヤサイズ：16インチ ● 重量：12.2kg ● カラー：Hot Pink

折りたたみ

## P Line

ピーライン

フロントフォークやリアフレームにチタン素材を使用し、C Lineよりも約1.85kg軽量。さらに、新開発のサスペンションブロック（緩衝材）を備え、快適な走りをサポートします。変速ギアとハンドルは2種から選べます。

価格：441,100円～ ● フレーム：スチール＆チタン ● 変速ギア：4速（1×4）または12速（3×4）● タイヤサイズ：16インチ ● 重量：9.7kg ～ ● カラー：Lunar Ice（写真）、Bronze Sky、Flame Lacquer、Bolt Blue Lacquer、Midnight Black

# Pacific Cycles

パシフィックサイクルズ

台湾

自転車大国・台湾で1985年に創業。ドイツr&m社のbirdyを始め、各国の著名ブランドの自転車生産を担う、世界屈指の製造会社です。2005年からは、小径車製作の経験を生かし「エキサイティングな自転車」をテーマに自社ブランドをスタート。「CarryMe」、「Reach」、「IF move」など、個性的な折りたたみ自転車を展開しています。

## CarryMe

キャリーミー

**エアータイヤ仕様**

個性的なシルエットと豊富なカラーが魅力の、8インチタイヤの極小径モデル。独自の折りたたみシステムで、たたんだときの占有サイズはA4用紙に収まるほど。付属のキャスターで、スーツケースのように転がして運べるのも便利です。

価格：126,500円 ● フレーム：アルミ ● 変速ギア：なし ● タイヤサイズ：8×1-1/4インチ ● 重量：8.6kg ● カラー：マットオリーブグリーン（写真）、オレンジ、ルナグレイ ソリッド、ブルー、イエロー、レッド、グリーン、ホワイト

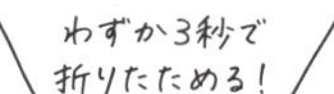
わずか3秒で
折りたためる！

## IF move

イフムーブ

折りたたみ
IF move

フォークとフレームが片側にしかない斬新なデザインは、“走るアート”と称され、折りたたみやすさにも貢献しています。変速機のないシンプルな構造でメンテナンスのわずらわしさも解消。静音性の高いパーツを使用し、街乗りに快適な1台です。

価格：227,200円 ● フレーム：アルミ ● 変速ギア：なし ● タイヤサイズ：20×1.5インチ ● 重量：11.93kg ● カラー：ピンク（写真）、ブルー

# birdy

バーディー

ドイツ

ドイツの工科大学で出会った2人の発明好きサイクリストが開発した、折りたたみ自転車のブランド。前後輪にサスペンションを備え、その支点が折りたたみ機構も兼ねる独創的なアイデアが、Pacific Cycles（p.194）により製品化され、1995年に初代モデルがデビューしました。その後も進化を続け、現在では8種のモデルを展開しています。

折りたたみ

## birdy Standard

バーディー スタンダード

低重心・高剛性なフレームと、シマノのロードバイク用コンポーネントSORA、ディスクブレーキを採用し、走行性と安定性は抜群。ハンドルの高さは5段階調節で、自分に合ったポジションで乗ることができる、家族とも共有しやすい1台です。

価格：286,000円 ● フレーム：アルミ ● 変速ギア：9速（1×9）● タイヤサイズ：18×1.5インチ ● 重量：10.9kg（ペダルは含まず）● カラー：サンディーベージュ（写真）、サンディーブルー、グロスイエロー&マットブラック、グロスホワイト&マットブラック、サテンメタルグレー

## birdy Air

バーディー エアー

走行性能や快適性を保ちつつ、軽量パーツを採用して10kgを切る*車体に仕上げた、最軽量のモデルです。さらに、トラブルが発生しにくいキャリパーブレーキを使用しているので、輪行時でも安心です。

＊ペダルを除く

価格：253,000円～ ● フレーム：アルミ ● 変速ギア：9速（1×9） ● タイヤサイズ：18×1.25インチ ● 重量：9.87kg（ペダルは含まず） ● カラー：インクブラック（写真）、マーキュリーグレイ、ウイスキーブラウン&マットブラック

初代birdyを彷彿とさせる、ストレートフレームを取り入れたモデル。伝統のデザインを生かしながら、ジオメトリー（各部の寸法や角度）や剛性をブラッシュアップして、走行性能が大きく向上しています。

価格：198,000円 ● フレーム：アルミ ● 変速ギア：8速（1×8） ● タイヤサイズ：18×1.5インチ ● 重量：10.9kg（ペダルは含まず） ● カラー：マットパステルターコイズ（写真）、マットオレンジ、シルバープレーテッド、セミマットブラックメタリック

折りたたみ

## birdy Classic

バーディー クラシック

旅先でサイクリングを満喫♪

# サイクリストにうれしい宿

海沿いや山の上、湖畔など、絶景を眺めながら走るサイクリングは格別です。いつもより少し遠出をして、美しい景色を楽しみにいろいろな場所に出かけてみませんか？
室内での保管をはじめ、事前に配送すると受け取り保管しておいてくれるサービスや、レンタサイクルやサイクルツアーの開催など、愛車と旅をしたいサイクリストにうれしい宿を紹介します。

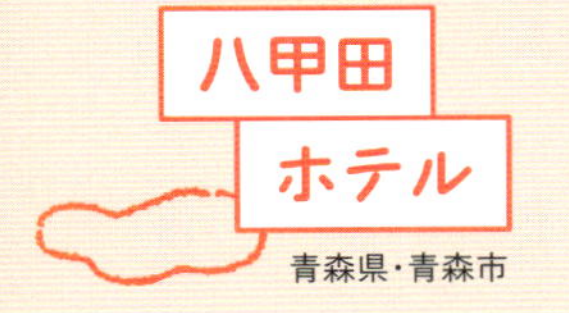

# 八甲田ホテル

青森県・青森市

八甲田連峰の標高およそ９００ｍ。「八甲田ホテル」はブナの原生林が生い茂る広大な森の中に佇む、日本最大級の洋風ログ造りのクラシックリゾートホテルです。木の質感が心地よい落ち着いた客室内には、自転車を持ち込むことが可能。部屋の窓からは、雄大な八甲田連峰を望む、ブナの原生林の景色が広がります。八甲田連峰の最も高いところに位置するホテルで、城ケ倉大橋の紅葉や、ブナ林の新緑など、四季折々の山の上の周遊コースを楽しむことができます。

サイクリングの後には、青森の旬の素材を使用したディナーや、ゆったりとブナ原生林を見わたせるヒバ大浴場で、心も身体もリフレッシュ。無料送迎サービスで、歴史ある名湯酸ヶ湯温泉にも入浴できます。

## 星野リゾート　BEB5（ベブファイブ）土浦

茨城県・土浦市

つくば霞ヶ浦りんりんロードのスタート地点のＪＲ土浦駅。駅ビルの「PLAYatré TSUCHIURA」は、サイクルショップやレンタサイクル、ホテル、カフェなどが入る、日本最大級のサイクリング拠点です。星野リゾート唯一の自転車を楽しむホテル「ＢＥＢ5土浦」は、その3～5階。駅直結なので、改札から10秒でチェックイン。自転車を持ったまま入館することができます。

館内には、自由に利用できる整備コーナーや、24時間利用可能なラウンジがあり、フードやドリンクの持ち込みもＯＫ。ボードゲームの貸し出しや、自転車ミキサーでのスムージーづくりのアクティビティなど、普段自転車に乗らない方にも楽しめるサービスが満載です。リーズナブルに利用できる点も、うれしいポイントです。

昭和の温泉旅館をリノベーションした「コナステイ伊豆長岡」。歴史的な風情を感じる旅館の外観と、モダンな館内空間のギャップが魅力的なホテルです。道路からロビーまでは、段差のないスロープで自転車をスムーズに運ぶことができ、客室まで持ち込むことができます。サイクルピットやメンテナンスエリア、レンタサイクルがあり、Eバイクやクロスバイク、キッズバイクをレンタル可能。コナステイが主催するサイクルツアーでは、海外の自転車競技にも詳しいスタッフが伊豆ライドの案内をしてくれます。

源頼朝も入ったといわれ、美肌の湯として親しまれている古奈温泉。ホテルでは、源泉掛け流しでたっぷりと味わうことができます。日帰りでも利用できるので、伊豆ライドの際は、ぜひ立ち寄りたいスポットです。

静岡県・伊豆の国市

## コナステイ伊豆長岡

## ホテル琵琶レイクオーツカ

滋賀県・大津市

琵琶湖の西側、近江舞子湖畔に位置し、琵琶湖を目の前に臨めるホテル。2022年より創設された、サイクリストが快適に安心して宿泊できる「滋賀県 サイクリストにやさしい宿」にいち早く認定され、「ビワイチサイクルサポートステーション」にも登録しています。

ホテル玄関の内側には、夜間施錠で安心のサイクルラックが設置され、洋室の部屋には、自転車の持ち込みも可能。

2024年7月のリニューアルでは、持ち込み可能な客室が増えました。3種類のバルブ付属の空気ポンプや工具セットなどの整備用具やコインランドリー、疲れた体を癒やすマッサージチェアなど、サイクリストにうれしい設備が充実。

琵琶湖のすばらしい景色を眺めながら走る、ビワイチサイクリングの宿泊地としておすすめです。

# ONOMICHI U2（オノミチ ユーツー） HOTEL CYCLE（ホテル サイクル）

広島県・尾道市

しまなみ海道の出発地となる渡船桟橋と、JR尾道駅にほど近い複合施設「ONOMICHI U2」。小さな店舗と路地で形成されている尾道をイメージし、海運倉庫をリノベーションした施設内には、セレクトショップやレストラン、ホテル、サイクルショップなどが入っています。

通路の奥にある「HOTEL CYCLE」には、自転車を持ったままチェックインOK。多くの客室にサイクルハンガーが設置されており、自転車の持ち込みが可能です。土地の伝統工芸を素材に活用した家具やこだわりのアメニティで、リラックスした時間を過ごすことができます。自転車のメンテナンスができるリペアスペースでは、工具のレンタルも可能。レンタサイクルや、配送した自転車の受け取り・保管サービスも実施しています。

「CYCLE」＝「時間の流れ」「循環」「自転車」。心と身体のサイクルを整えるためのサービスが詰まっています。

# しまなみ海道 WAKKA（ワッカ）

愛媛県・今治市

しまなみ海道の中央に位置する、大三島のツーリズム総合施設「しまなみ海道WAKKA」。海に近いスペースには、カフェやホテル、休憩スペースがあり、宿泊は、BBQグリル付きのコテージや、エアコン・家具が完備しているドームテント、貸し切り利用のできるドミトリーまで、さまざまな形態から選ぶことができます。ホテルは全室がオーシャンビュー、カフェは全席目の前に美しい海が広がり、瀬戸内海の爽やかな風景を、朝から晩まで堪能することができます。

サイクリストにうれしいのが、さまざまなサポートが充実していること。レンタサイクルをはじめ、限られた時間でより多くの島を巡るための自転車専用タクシーや、島々を船から楽しみながら移動できるサイクリスト専用ボート、天候不良や体調不良、自転車の故障、リタイア時のサポートなどがあり、安心してサイクリングを楽しむことができます。

福岡県うきは市の山あいにある、食とアウトドアを五感で楽しめる施設「泊まれる蕎麦屋 きふね」。食事や宿泊に加え、テントサウナや焚き火も楽しむことができます。

築150年の古民家の宿「きふね」は、1棟貸し切りで1泊2食付き。昼食は本格的な十割蕎麦、夕食はBBQスタイルで豪快なお肉のコースを堪能することができます。

敷地内にはテントの持ち込みがOKなので、キャンプも可能。自転車は敷地内にあるサイクルスタンドや、宿泊するテント横にも停めることができ、レンタサイクルもマウンテンバイク、キッズ用、Eバイクと充実しています。

江戸時代の豊後街道の宿場町で栄えた吉井地区には、漆喰塗りの重厚な白壁土蔵造りの商家跡が残されています。そんな風情ある町並みを走った後は、満天の星空と、焚き火の炎を眺めながら、ゆったりとした時間を過ごしませんか。

## きふね

福岡県・うきは市

## 制作協力

一般財団法人　日本自転車普及協会

自転車が果たす社会的な役割を広く一般に啓発することを目的として、広範囲な分野にわたる事業を行っています。本協会が運営する「自転車文化センター」（BICYCLE CULTURE CENTER）では、自転車に関する書籍をはじめ、希少な歴史的自転車、部品やポスターなど自転車に関する資料を所蔵し、誰でも閲覧することができます。

## 参考文献

『自転車用語の基礎知識』（バイシクルクラブ編集部編、枻出版社、2003）
『新・自転車“道交法”ブック』（疋田智、小林成基著、枻出版社、2017）
『栗村修の今日から始めるスポーツ自転車生活』（栗村修著、エクシア出版、2021）
『スポーツ自転車でいまこそ走ろう！～一生楽しめる自転車の選び方・乗り方』
（山本 修二著、技術評論社、2022）

## 本書内容に関するお問い合わせについて

このたびは翔泳社の書籍をお買い上げいただき、誠にありがとうございます。弊社では、読者の皆様からのお問い合わせに適切に対応させていただくため、以下のガイドラインへのご協力をお願い致しております。下記項目をお読みいただき、手順に従ってお問い合わせください。

**ご質問される前に**

弊社 Web サイトの「正誤表」をご参照ください。これまでに判明した正誤や追加情報を掲載しています。
正誤表　https://www.shoeisha.co.jp/book/errata/

**ご質問方法**

弊社 Web サイトの「書籍に関するお問い合わせ」をご利用ください。
書籍に関するお問い合わせ　https://www.shoeisha.co.jp/book/qa/
インターネットをご利用でない場合は、FAX または郵便にて、下記“翔泳社 愛読者サービスセンター”までお問い合わせください。
電話でのご質問は、お受けしておりません。

**回答について**

回答は、ご質問いただいた手段によってご返事申し上げます。ご質問の内容によっては、回答に数日ないしはそれ以上の期間を要する場合があります。

**ご質問に際してのご注意**

本書の対象を超えるもの、記述個所を特定されないもの、また読者固有の環境に起因するご質問等にはお答えできませんので、予めご了承ください。

**郵便物送付先および FAX 番号**


送付先住所　〒 160-0006　東京都新宿区舟町 5
FAX 番号　03-5362-3818
宛先　（株）翔泳社 愛読者サービスセンター


＊本書に記載された URL 等は予告なく変更される場合があります。
＊本書の出版にあたっては正確な記述につとめましたが、取材協力者や出版社などのいずれも、本書の内容に対してなんらかの保証をするものではなく、内容やサンプルに基づくいかなる運用結果に関してもいっさいの責任を負いません。
＊本書に記載されている会社名、製品名はそれぞれ各社の商標および登録商標です。
＊掲載内容は、2024 年 7 月時点のものです。掲載商品（自転車）の価格や仕様などは予告なく変更される場合があり、また新たなカラーの追加や終売になるカラーが出る、同じカラーや車体（モデル）でも、価格が変更になるなどの場合があります。商品自体が終売となる可能性もあります。

| | |
|---|---|
| **デザイン** | 齋藤知恵子 |
| **イラスト** | 藤原なおこ |
| **取材・文** | 大竹洋子（株式会社エアリーライム）<br>岸上佳緒里、田山容子 |
| **PART2監修** | 一般財団法人日本自転車普及協会 |
| **編集協力** | 大竹洋子、岸上佳緒里、田山容子 |
| **企画・編集** | 二橋彩乃 |

# 暮らしの図鑑 サイクルライフ

**スポーツ自転車12人の楽しみ方×**
**基礎知識×いま乗りたい定番＆人気自転車71**

2024年9月9日　初版第1刷発行

| | |
|---|---|
| **編　著** | 暮らしの図鑑編集部 |
| **発行人** | 佐々木 幹夫 |
| **発行所** | 株式会社 翔泳社<br>（https://www.shoeisha.co.jp） |
| **印刷・製本** | 日経印刷株式会社 |

ISBN 978-4-7981-8315-2　Printed in Japan